대마도의 진실

쓰시마인가   대마도인가

대마도의 진실

쓰시마인가 대마도인가

초판 1쇄 발행 2015년 6월 30일

지은이   한문희·손승호
펴낸이   김선기
펴낸곳   (주)푸른길
출판등록 1996년 4월 12일 제16-1292호
주소   (152-847) 서울특별시 구로구 디지털로 33길 48 대륭포스트타워 7차 1008호
전화   02-523-2907, 6942-9570~2
팩스   02-523-2951
이메일   purungilbook@naver.com
홈페이지 www.purungil.co.kr
ISBN   978-89-6291-289-0 93980

대한민국 영토에 대한 이해의 폭을 넓히고자 하는 (사)미래한국영토포럼은 본서의 발간을 시작으로,
역사적으로 우리의 영토였던 간도와 녹둔도 등을 지리적 관점에서 재조명하여 책으로 발간하는
작업을 지속적으로 이어갈 것입니다.

＊후원계좌
예금주: (사)미래한국영토포럼 / 계좌번호: IBK 기업은행 011-089777-04-016

(사) 미래한국영토포럼총서 · 1

지리학적 관점에서 고찰한 대마도 본격 이해서

대마도의 진실

한문희 · 손승호 공저

쓰시마인가 대마도인가

푸른길

10여 년 전 부산에서 배를 타고 대마도를 처음으로 방문하였다. 당시 우리나라에서 배로 두 시간도 걸리지 않는 외국 땅이 있다는 사실에 흥분을 감추지 못했던 기억이 난다. 부산에서 직선거리로 50km도 떨어지지 않은 곳에 있는 외국 땅이었으니 그럴 만도 하다. 외국 땅에 발을 디뎠지만, 이국적이지 않고 어딘지 모르게 친숙한 느낌을 받았던 곳이 대마도이다.

이팝나무의 꽃이 만개한 2014년 봄에 대마도를 다시 찾을 기회가 왔다. 이번에는 10여 년 동안 축적해 놓았던 대마도에 관한 정보를 최대한 활용하여 여행을 하였다. 대마도 땅은 큰 변화가 없었지만, 그곳은 우리나라 사람들에게 매우 가깝고도 먼 곳인 듯하였다. 부산에서 대마도 북쪽의 히타카츠까지는 이전보다 더 빨리 도착할 수 있었고, 더 많은 한국인이 대마도를 방문하는 것을 확인할 수 있었다. "왜 우리나라 사람들이 대마도를 그토록 열심히 찾을까?"라는 의문은 곧 해결되었다. 우리의 역사가 대마도에 고스란히 뿌리내리고 있었기 때문이다.

대마도에 남아 있는 우리 민족의 역사와 문화는 비교적 잘 보존되고 있었다. 하지만 대마도 서쪽 어느 해안가에 있는 이름 모를 조선 옹주의 묘가 지저분하게 관리되고 있는 모습을 보고는 분노를 느끼기도 하였다. 저

자는 이 묘를 우리의 전통을 살려 한국식으로 잘 보존하고자 쓰시마 시청에 의견을 물었다. 그러나 결과는 손을 대지 말라는 대답뿐이었다. 아쉬움을 뒤로 하고 대마도에 대한 역사적·지리적 내용을 정리하면서 대마도에 대한 지리적 관점의 서적이 전무하다는 사실을 알게 되었다.

우리나라 사람이 대마도를 많이 찾는 이유는 대마도에 남아 있는 역사 유산을 둘러보기 위함일 것이다. 대마도를 일본 사람보다 한국 사람이 더 많이 방문하는 것이 이 때문이다. 상고 시대부터 대마도는 한반도와 일본 열도 사이의 징검다리 역할을 하였고, 대륙에서 해양으로 전파되는 문물의 중간 기착지 역할을 하였다. 중요한 것은 단순히 징검다리 역할만으로 끝난 것이 아니고, 삼국 시대 이래로 조선 중기에 이르기까지 우리나라에 속한 우리의 영토였다는 점이다. 그러나 어느 순간부터인지 일본은 대마도를 그들의 영토로 편입시켜 버렸으며, 장구한 세월에 걸쳐 전해 오던 일부 역사적 사실에 대한 왜곡도 마다하지 않고 있다. 이러한 연유에서 저자들은 대마도를 지리적 관점에서 이해하고 과거 우리 조상들의 장소 인식을 되짚어 봄으로써 대마도가 원래 우리 땅이라는 사실을 확인하고자 본서를 집필하였다.

본서는 크게 다섯 부문으로 구성되어 있다. 대마도와 관련하여 역사적 관점에서 저술된 서적은 많지만, 지리학적 관점에서 대마도를 이해하고자 한 서적이 우리나라에 존재하지 않는다는 점이 본서 집필의 일차적인 계기였던 만큼, 가장 앞부분에서는 대마도를 지리적으로 고찰하였다. 제1장은 대마도의 자연지리와 인문지리를 개관한 것으로, 대마도가 지니는 장소적 특징을 비롯하여 지명 유래, 풍토, 사람들의 생활, 지리적 여건, 과거에서부터 지금에 이르기까지 대마도의 연혁 등을 정리하였다. 제2장에서는 대마도를 구성하고 있는 하위 행정단위인 6개의 마치(町)를 소개하였다. 남쪽의 이즈하라마치부터 대마도의 북쪽 끝에 자리한 가미쓰시마 마치까지 각 마치가 지니는 자연적·인문적 특징을 정리하였다. 이와 함께 각 마치 내에서 우리의 역사와 관련이 있는 주요 마을을 소개함으로써 대마도를 보다 쉽게 이해할 수 있도록 하였다. 제3장에서는 대마도에 남아 있는 우리의 흔적을 소개하였다. 우리나라 선조들이 남겨 놓은 흔적은 대마도 곳곳에 산재하고 있지만, 본서에서는 다분히 역사적인 문화유산을 심층적으로 다루지는 않았다. 한반도와의 상호작용을 보여 주면서도 역사적·지리적 관점에서 해석이 가능한 대상을 선정하였다. 그리고 역사적·지리적 관점에서 과거부터 현재에 이르기까지 대마도가 어떠한 양상으로 한반도와 일본 사이에서 기능하였는지를 고찰하였다. 제4장은 지리학자들이 사용하는 고유의 방법인 지도를 통해 대마도에 대한 장소 인식의 변화를 파악하였다. 이를 위해 우리나라의 고지도는 물론 외국에서 제작된 고지도까지 제시하였다. 고지도 상에 대마도가 어떻게 묘사되었으며, 어느 나라에 속한 땅으로 표기되었는지를 확인할 수 있을 것이다. 마지막으로 제5장은 제1장에서 제4장까지의 내용을 토대로 본서에서 주장하고자 하는 '대마도는 원래 우리 땅'이라는 내용을 담고 있다. 최근 들어 자국 영토 및 고토 회복에 대한 관심이 증대되고 있을 뿐만 아니라 타의에 의해 남의 땅이 되어 버린 영토에도 많은 이목이 집중되고 있다. 이에 우리도 잃어버린 땅 대마도에 대한 관심은 물론 일본이 자국의 영토라 주장하는 독도를 비롯하여 일본인에 의해 남의 땅이 되어 버린 간도에 대해서도 큰 관심을 가지고 영토 수호 및 고토 회복에 많은 노력을 기울여야할 것이다.

원대한 꿈을 가지고 본서의 집필을 시작하였지만 막상 원고를 마무리하고 보니 만족감보다는 아쉬움과 부끄러움이 앞선다. 대마도의 방방곡

곡을 누비고 다니면서 심층적인 조사를 상세하게 하지 못하여 대마도에 대한 더욱 심도 깊은 논의가 이루어지지 못한 점이 가장 큰 아쉬움으로 남는다. 또한 옛 지도를 더 많이 발굴하여 대마도가 우리의 영토로 인식되었음을 더욱 명확하게 보여주고 싶었지만, 이 역시 본래 의도한 바를 충족시키지는 못하였다. 저자는 앞으로 기회가 생길 때마다 대마도의 구석구석을 답사하면서 대마도와 한반도 사이의 연결고리를 찾아볼 것임을 약속한다. 본서가 우리나라 국민들에게 대마도에 대한 이해의 폭을 넓힐 수 있는 디딤돌이 되었으면 하는 바람이며, 이를 통해 우리 영토에 대한 관심을 증진시키는 계기가 되길 바라는 마음뿐이다.

본서는 저자들만의 노력으로 만들어지지 않았다. (사)미래한국영토포럼의 여러 구성원이 힘을 실어 준 덕분에 빛을 볼 수 있게 된 결과물이다. (사)미래한국영토포럼의 모든 구성원들에게 공을 돌리고 싶다. 특히 (사)미래한국영토포럼의 고문으로 계시면서 우리 영토에 대한 무한한 애정을 보여 주신 고려대학교 명예교수 남영우 선생님은 대마도 답사에 동행하였고 원고의 집필 과정에서 저자들의 우문에 현답으로 답해 주셨으며, 원고를 처음부터 끝까지 꼼꼼히 읽으며 부족한 부분을 채워 주셨다. 마지막

으로 본서의 출판을 허락해 주신 푸른길 출판사의 김선기 사장님과 책을
예쁘게 꾸며 주신 정혜리 님께도 고마움을 전한다.

2015년 6월
쇠북바위가 바라다보이는 노블레스타워에서
대표저자 한문희

제3장 한반도와 밀접한 관계의 대마도

제1장

대마도의 자연지리와 인문지리

1

대마도는 어디에 있는가?

부산에서
바라보이는 섬

예로부터 우리는 하늘이 맑은 날이면 부산에서 일본 땅이 보인다는 말을 많이 들어 왔다. 이런 말을 들으면서도 우리는 그 일본 땅이 어디인가에 대해서는 별로 궁금하게 생각하지 않았다. 단지 일본 땅이 가까운 곳에 보인다는 생각만으로, 과거 일본과의 역사적 관계는 논외로 하고, 일본이 우리나라에서 매우 가까운 나라라고 생각해 왔다. 날이 좋을 때 부산에서 보이는 일본 땅이 바로 이 책에서 다루고자 하는 대마도이다.

부산의 태종대에 있는 함지골 체육공원에는 대마도 전망대라는 조그마한 간판이 세워져 있다. 그곳에는 "화창한 날에는 약 52km 거리에 있는 대마도가 보이며 수평선의 선박과 바위에 부딪치는 하얀 파도에 매료되어 발걸음이 멈춰지는 곳"이라는 문구가 기록되어 있다. 대마도가 우리 땅과 얼마나 가까운 곳에 있는지를 짐작할 수 있는 대목이다.

그렇다면 대마도가 어디에 있다고 해야 정확한 답이 될 것인가? 부산 아래에 있다고 표현하는 것이 우리의 정서상 크게 틀린 표현은 아닐지 모르지만 정확한 답이라고는 할 수 없을 것이다. 물론 조선 시대의 『해동지도』에서는 대마도를 한반도의 발에 비유하기도 하였기 때문에 부산의 아래에 있다는 표현이 틀린 것은 아니다. 다만 방위 또는 방향 감각을 살려, '대마도는 부산의 남쪽에 있는 섬이다.'라고 말하면 정확하게 위치를 표현한 것이다.

이 책에서 다루고 있는 섬의 이름만 놓고 보면, 대마도라는 섬은 진짜 우리나라의 영토이다. 그러나 진짜 우리나라의 영토에 해당하는 대마도는 전라남도 진도군 조도면 대마도리에 있는 섬으로, 다도해해상국립공원에 자리한다. 그 대마도의 북쪽에는 소마도가 있는데, 이들 두 섬에서는 조선 시대에 말을 사육하기도 하였다고 한다. 이 섬의 명칭이 생겨난 유래는 섬의 모양이 큰 말의 머리와 같아 대마도(大馬島)라 하였기 때문에, 이 책에서 다루고 있는 대마도(對馬島)와 한글 표기는 동일하지만 한자 표기는 서로 다르다.

우리가 관심을 가지고 있는 대마도는 한반도와 일본 규슈의 사이에 있는 대한 해협(Korea Strait)에 위치한 섬이다. 여기에서 대한 해협에 대한 명칭 문제도 잠깐 살펴보기로 한다. 일본에서는 대마도와 규슈 사이의 해협을 쓰시마 해협(對馬海峽)이라 부른다. 그러나 쓰시마 해협은 국제 공인 지명이 아니다. 전 세계에서 통용되는 국제 공인 지명은 대한 해협이다. 한편 대마도에는 행정구역상 일본의 나가사키 현(長崎縣)에 속한 지방자치 단체인 쓰시마 시(對馬市)가 설치되어 있다. 일본에서 부르는 명칭인 쓰시마가 섬의 공식적인 명칭이라 할 수 있겠지만, 이 책에서는 과거 우리 선조들이 불러 왔던 대로 섬의 명칭을 가능한 한 대마도라 표현하였다.

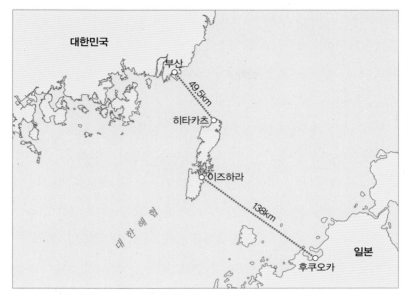

그림 1-1. 대마도의 위치

　우리나라와 일본의 본토에서 대마도까지의 직선거리를 각각 측정하면, 부산에서는 대마도의 북쪽까지 약 49.5km에 달하고 후쿠오카에서 대마도의 동남쪽에 자리한 이즈하라까지는 약 138km에 달한다(그림 1-1). 대마도는 일본의 본토보다 우리나라 한반도에 더 가까운 곳에 있는 섬으로, 날씨가 청명할 때에는 부산에서 육안으로도 바라볼 수 있다. 만약 대마도가 한반도와 육지로 연결되어 있다면 부산에서 대마도까지는 걸어서 하루 안에 도달할 수 있다. 부산에서 여객선을 이용하면 1시간 30분 이내에 도착할 수 있을 정도로 가까운 곳에 있는 섬이 대마도이다. 이처럼 대마도는 한반도에서 가까운 곳에 있기 때문에 지리적으로는 물론 역사적으로도 우리나라와 더 긴밀한 관계를 유지해 왔는데, 어느 때부터인지 일본

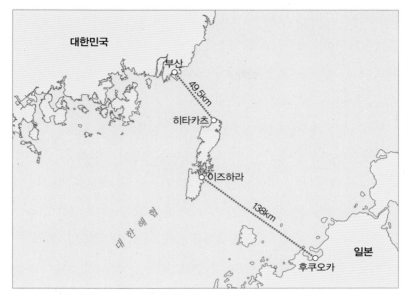

의 영향력이 커지기 시작하더니 결국에는 일본에 속한 영토가 되었다. 일본에서는 대마도의 애칭으로 '국경의 섬'이라는 표현을 사용하고 있다. 실제로 대마도에서는 '국경(国境)'이라고 쓰인 표지석을 보는 것이 어렵지 않다(그림 1-2).

우리가 어느 장소를 이해하기 위해서 가장 먼저 해야 할 일은 그 장소가 어디에 있는지를 알아보는 것이다. 대마도를 이해하기 위해서는 대마도가 어디에 있는지부터 알아야 할 것이다. 어떤 장소에 대하여 "어디에 있는가?"라는 질문을 하게 되면, 많은 사람들은 특정 장소를 기준으로 '○○ 아래' 또는 '△△ 위'라는 식으로 답을 하지만, 이는 위치 정보를 정확하게 표현해 주지 못한다.

한 장소의 위치를 가장 간단하고 알기 쉽게 표현해 주는 것은 모든 사람이 알고 있는 속성을 이용하는 것이다. 공장에서 만들어지는 물건에는 모두 고유의 번호가 있고 도로 위의 자동차에도 고유의 식별 번호가 있듯이, 땅도 그 장소만의 고유한 숫자로 위치를 표시할 수 있다. 이는 지구 상에서 모든 국가가 공통으로 이용하고 있는 위도와 경도라는 개념이다. 위도는 적도를 기준으로 남쪽과 북쪽 방향을 각각 남위와 북위로 표현해 주고, 경도는 영국의 본초자오선이 지나는 그리니치 천문대를 기준으로 동쪽과 서쪽 방향을 각각 동경과 서경으로 나타내 준다.

우리나라를 비롯한 동아시아는 영국의 동쪽에 있고 적도의 북쪽에 자리하므로 동경(E)과 북위(N)를 이용하여 위치를 표시할 수 있다. 대마도의 위치를 경도와 위도로 나타내면, 동서 방향으로는 동경 129°10′~129°30′ 사이에 위치하고, 남북 방향으로는 북위 34°05′~34°42′ 사이에 위치한다. 대마도는 우리나라의 울산·포항과 경도상의 위치가 비슷하고, 위

그림 1-2. 대마도에 있는 국경 표지석

도상의 위치는 섬의 북쪽이 여수·통영 등지와 비슷하다. 세계에서 대마도와 비슷한 위도에 있는 곳으로는 중국의 시안(西安), 미국의 로스앤젤레스 등이 있다.

한반도와 일본 사이에 있는 섬

　일본 신화에 따르면 창조신들이 일본 최초의 섬으로 만들었다고 알려진 대마도는 지리적으로 우리나라와 일본 사이에 자리하고 있으며 한반도와의 거리도 매우 가깝다. 이로 인해 예로부터 대마도는 한반도와 일본 열도 사이에서 중간 경유지 또는 기착지로 기능하였다. 따라서 이곳은 한반도와 일본을 연결시켜 주는 매개 역할을 할 수도 있지만, 반대로 두 국가 사이에서 소통을 억제하는 장애물로 작용할 수도 있다. 현대에 이르기까지 대마도는 한반도와 일본을 연결시키는 교량 역할을 착실히 수행해 왔다. 예컨대, 조선 시대에 한양에서 에도(江戸, 지금의 도쿄)로 향하던 조선통신사 일행이 대마도를 반드시 거쳐 일본으로 이동하였고 임진왜란을 준비하던 왜구들이 대마도에서 전열을 가다듬고 조선을 침입한 것처럼, 대마도는 중간 경유지의 성격을 가지는 지역으로 인식할 수 있다. 동아시아에서 보면, 유라시아 대륙과 일본 열도의 문물이 왕래하는 통로 역할은 물론 일본과 대륙 간의 문화적·경제적 교류를 가능하게 하는 창구로서의 역할도 수행하였다.

이러한 지리적 위치로 인해, 대마도는 평화 시에 한국과 일본 간의 교역을 독점할 수 있었으며 전쟁 시에는 징검다리 역할도 할 수 있었다. 대마도는 왜구들이 오랫동안 머무르면서 한반도를 침략하기 위한 소굴로 변모하여, 고려 시대(1389)에는 박위(朴葳)가 대마도를 토벌하기도 하였다. 또한 조선 시대에는 여러 차례에 걸쳐 대마도와 이키 섬(壹岐島)에 대한 정벌 작전이 이루어져, 1419년에는 세종이 이종무에게 명을 내려 대마도를 정벌하기도 하였다.

주변 국가와의 상호작용이나 정치·경제적 관계라는 점을 고려하는 지정학적인 관점으로 보면, 대마도는 고대로부터 국방상 중요한 곳이었다. 조선은 대마도에 대한 영향력을 지속적으로 유지해 오면서 실질적으로 지배하였으나, 임진왜란 때 일본 수군의 근거지가 되면서부터 대마도에 대한 조선의 영향력이 약화되었다. 또한 메이지 시대(明治時代)부터 일본의

그림 1-3. 대마도의 동안과 서안을 잇는 만제키 운하

육상자위대에서는 대마도에 쓰시마 경비대와 쓰시마 요새를 설치하였다. 태평양전쟁이 끝나고 1956년부터는 항공자위대의 기지가 대마도에 설치되었고, 1961년부터는 육상자위대의 쓰시마 방비대가 주둔하고 있다.

 섬나라인 일본은 대륙으로의 진출을 꿈꾸면서 메이지 유신(明治維新) 이후부터 본격적으로 해군력을 증강하였고, 동아시아로 진입하는 데 있어서 교두보 역할을 하는 한반도를 차지하기 위하여 일본 본토에서 부산에 이르는 단거리의 항로를 필요로 하게 되었다. 이에 따라 일본 해군의 주도하에 대마도에서 가장 좁은 부분을 뚫어 인공 해협에 해당하는 만제키(万関) 운하를 건설하기 시작하였고, 이 운하는 1900년에 본격적으로 개통되었다(그림 1-3). 운하의 개통과 함께 규슈에서 만제키 운하와 아소우만(浅茅湾)을 거쳐 대한 해협에 이르는 최단 거리 항로가 확보된 것이다.

이렇게 해서 일본 해군은 동아시아에서 막강 군사력을 자랑할 수 있었고, 러시아의 함대도 대한 해협에서 손쉽게 격파할 수 있었다. 아소우 만은 우리나라에서 발간된 대마도 관련 문건에서 거의 대부분 '아소 만'으로 표기되어 있으나, 실제 발음을 따라 본서에서는 모두 아소우 만이라 표기하였다.

부산광역시보다
작은 섬

　동서 방향의 폭이 약 18km이고 남북 방향의 길이가 약 82km에 달하는 대마도의 면적은 일본 통계청의 자료에 따르면 708.85km²에 달한다. 이는 일본에서 본토를 제외한 도서부 가운데 니가타 현의 사도가시마(佐渡島)와 가고시마 현의 아마미오시마(奄美大島)에 이어 3번째로 큰 것이다. 일본 전체에서 대마도는 혼슈, 홋카이도, 규슈, 시코쿠 등에 이어 10번째로 면적이 넓은 섬이다. 우리나라 울릉도의 면적이 72.6km²이므로, 대마도는 울릉도의 약 10배에 해당하는 면적을 지니고 있는 셈이다. 우리나라 제2의 도시이자 대마도에서 가장 가까운 도시인 부산광역시의 면적이 765.9km²이므로, 대마도의 면적은 부산광역시보다 작다. 대마도의 부속 도서를 제외한 순수 대마도의 면적은 696.1km²이다. 대마도의 북쪽 끝에서 남쪽 끝까지는 산지가 많아 자동차로 3시간가량 소요된다.
　행정구역상 쓰시마 시에는 6개의 마치(町)가 설치되어 있다(그림 1-4). 본래 일본의 행정구역 체계에서 '町'은 '초'라 불리는 것이 일반적이지만, 대

○ 마치의 중심지

사스나 ○   ○ 히타카츠

가미아가타마치   **가미쓰시마
마치**

미네○
미네마치

도요타마마치

나이○

미쓰시마마치

게치○

이즈하라 ○
이즈하라마치

0   10km

그림 1-4. 대마도를 구성하는 6개 마치

표 1-1. 대마도의 마치별 면적

마치 (町)	이즈하라 (嚴原)	미쓰시마 (美津島)	도요타마 (豊玉)	미네 (峰)	가미아가타 (上県)	가미쓰시마 (上對馬)
면적(km²)	175.59	119.98	75.21	72.41	157.71	107.57

자료: 일본 통계청(http://www.e-stat.go.jp)

마도에서는 2004년에 3월 1일에 쓰시마 시로 통합하여 출범하면서 시를
구성하는 6개의 '町'을 '마치'로 부르기로 하였다. 이들 6개 마치의 면적은
섬의 가장 남쪽에 위치하는 이즈하라마치의 면적이 175.59km²로 가장
넓고, 섬의 중앙 부분에 있는 미네마치의 면적이 72.41km²로 가장 좁다

(표 1-1).

대마도에는 모두 109개의 크고 작은 섬이 딸려 있으며, 그 가운데 유인도는 5개에 불과하다. 대마도와 부속 도서를 모두 합해 지칭할 때에는 대마 열도(對馬列島) 또는 대마 제도(對馬諸島)라는 표현을 사용하기도 한다. 대마도 본섬은 두 개의 섬으로 나누어져 있으며, 이 두 개의 섬은 만제키 다리에 의해 연결되어 있다. 만제키 다리는 길이가 210m에 달하는 아치형의 철교이며, 그 아래로는 만제키 운하가 통과한다. 본래 하나의 섬이었던 대마도는 만제키 운하의 개통으로 인해 북쪽의 상도(上島)와 남쪽의 하도(下島)로 나뉘게 되었다. 상도는 상대마(上對馬), 하도는 하대마(下對馬)로 불리기도 한다.

1900년 개통 당시 만제키 다리는 길이가 100m에 불과하였지만, 1956년에 아치형 철교로 보수되어 버스의 통행이 가능해졌다. 이를 계기로 상대마와 하대마 사이의 연결이 더욱 수월해졌다. 지금의 만제키 다리는 1996년에 완성된 것으로, 섬 전체의 도로망 정비와 함께 남북을 연결하는 주요 길목이 되었다. 과거에는 만제키 운하의 남부에 위치하여 일본 본토와 가깝고 거주 인구도 많았던 남부를 상대마라 부르고 만제키 운하의 북부를 하대마라 불렀다.

만제키 운하의 남쪽을 상대마라 불렀던 것은 대마도를 일본 쪽에서 바라보지 않고 부산이나 한반도에서 바라보는 관점이나 인식 체계를 어느 정도 반영한다. 즉 부산에서 멀리 있는 섬이 상대마가 되고, 가까이에 있는 섬이 하대마로 불린 것이다. 그리하여 그림 1-5에서 보는 것처럼 조선 시대에 그려진 『여지도』「일본국도」에서는 우리나라에 가까운 곳이 하현(下縣)이고, 일본에 가까운 곳이 상현(上縣)으로 묘사되기도 하였다. 그러

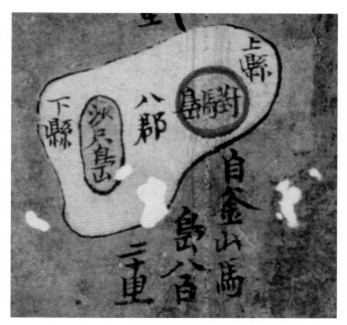

그림 1-5. 『여지도』 「일본국도」에 그려진 대마도

나 대마도가 일본의 실질적인 영토로 귀속되면서, 일본인들은 그들의 본
토에서 대마도를 바라본 위치 개념에 입각하여 일본 본토에서 멀리 떨어
진 섬을 상대마라고 부르고 가까이에 있는 섬을 하대마라고 부르게 된 것
으로 이해할 수 있겠다.

2

대마도 지명의 유래

對馬를
쓰시마라 읽는다

일본 사람들은 대마도를 대마(對馬)라 표기하고 '쓰시마'로 읽는다. 즉, '대(對)'자의 발음이 본래 일본어에서 읽히는 '타이(たい)' 또는 '쓰이(つい)'가 아니라는 것이다. 왜 그들은 자기들이 사용하는 언어의 발음대로 지명을 말하지 않고 다른 방식으로 지명을 읽는 것일까에 대하여 생각해 볼 필요가 있다. 이는 곧 대마도 지명이 누구에 의해 또는 어떤 배경하에 만들어졌는지를 가려 봄으로써 해결될 수 있는 문제이다.

대마도라는 섬의 이름이 언제 어떠한 연유로 생겨났는가에 관해서는 의견이 분분하지만, '대마'라는 명칭이 사용되기 시작한 시기는 아주 오래 전이다. 중국의 역사서인 『삼국지』에도 등장할 정도로 역사가 오래된 이름이다. 3세기경에 저술된 중국의 『삼국지』에는 대마국(對馬國)으로 기록되어 있고 우리나라의 역사서인 『삼국사기』에는 대마도(對馬島)로 기록되어 있다. 일본에서 간행된 『진도기사일통체(津島紀事一統體)』에 따르면, 「구사본기(舊事本紀)」에는 대마주(對島州)·진도(津島), 「고사기(古事記)」에는 진도(津島), 「일본서기(日本書紀)」에는 대마도(對馬島)·대마주(對馬洲)·대마국(對馬國), 「대화본기(大和本記)」에는 집도(集島), 「화명류취초(和名類聚抄)」에는 서해국대마도(西海國對馬島) 등으로 기록되어 있다고 정리하였다. 이외에 중국의 『북사(北史)』에는 도사마(都斯麻)로 기록해 놓았다. 이상의 여러 표현에서 보는 것처럼 대마도를 나타내는 표기는 국가나 문헌에 따라 서로 다르지만 발음은 대체로 '쓰시마'로 통용되고 있다.

진도(津島)는 표기된 글자의 뜻 그대로 해석하면 일본에서 대륙으로 건너가기 위한 나루터가 있는 섬으로 볼 수 있다. 즉 '진(津, 쓰)'이 있는 '도(島, 시마)'이므로, 발음은 쓰시마가 된다. 또한 일본에서 간행된 지명사전에는 대마도 남서쪽 해안가에 있는 쓰쓰(豆酘)의 일부 발음을 따서 사용한 것이 섬 전체를 나타내는 명칭이 되었다고 기록해 놓았다. 섬 이름인 대마 또는 대마도를 일본식으로 읽으면 절대로 '쓰시마'라고 발음되지 않는다. 이를 고려하면 '對馬'를 쓰시마라 부르는 것은 일본 사람과는 전혀 관련이 없고, 우리나라 사람들의 입에서 생겨난 말이 지금과 같이 변형되었다는 것을 알 수 있다. 구체적으로 대마도가 두 개의 섬으로 이루어져 있는 까닭에 우리말의 '두 섬'에서 비롯되었음을 시사하는 것이다. 일본어의 '시마(シマ)'는 우리말의 '섬'에서 변형된 단어이다.

마주하는
두 개의 섬

우리나라에서 발행된 옛 지도를 보면 대마도의 형상은 서쪽이 움푹 파이고 동쪽이 볼록하게 튀어나온 모습으로 묘사되었다. 모든 지도에서는 아니지만, 많은 지도에서 대마도의 형상을 말발굽 모양으로 묘사하였다. 대마도의 서쪽이 움푹 파이게 묘사된 이유는 대마도 서쪽에 형성된 아소우 만(淺茅湾)을 형상화하고자 하였기 때문이다.

복잡한 해안선으로 이루어진 대마도의 서쪽 해안은 지금의 아소우 만 일대에서 해안선의 드나듦이 최고조에 이른다. 그리고 아소우 만을 통과하면 대마도 서쪽과 동쪽 해안은 아주 짧은 육로를 통해 연결될 정도로 대마도의 중앙부는 동서 간의 길이가 짧다. 이는 한반도 사람들에게 착시 현상을 불러일으키기도 한 것 같다. 왜냐하면 한반도 사람들은 대마도를 두 개의 섬으로 인식하였기 때문이다. 1672년에 선박을 대마도의 서쪽 해안에서 동쪽 해안으로 옮기기 위해 오후나코시(大船越)에 수로가 개통되고 1900년에 만제키 운하가 개통됨으로써 지금은 대마도 본섬이 3개로 나뉘어 있지만, 그 이전에 부속 도서를 제외한 대마도 본섬은 1개로 이루어져 있었다.

대마도의 모습은 아주 맑은 날 한반도의 남해안에서 육안으로도 볼 수가 있었는데, 이때 보면 섬이 두 개로 나뉜 것처럼 보였다고 한다. 한반도에 살던 사람들은 멀리 보이는 섬의 형상을 보고, 대마도를 가장 단순하게 '두 섬[二つの島]'이라 명명하기에 이르렀다. 땅의 형상을 본뜬 지명은 우리나라에서 흔히 볼 수 있는데, 가장 대표적인 것은 세계문화유산으로

지정된 하회마을이다. 하회(河回)는 마을을 감싸고 흐르는 낙동강이 굽이쳐 돌아 흐른다는 데에서 생겨난 지명이다.

그러나 지금은 '두 섬'이라는 지명이 사용되지 않는데, 이는 시간이 흐르면서 입으로 전해지는 가운데 지명의 변화가 발생하였기 때문이다. 오래전부터 대마도는 한반도와 일본 사이의 징검다리 역할을 하였기 때문에, 대마도에는 한반도 사람들과 일본 열도 사람들이 같이 생활하였다. 그들은 각자 자기 나라의 말인 한국어와 일본어를 사용하였으며, 때에 따라서는 서로 상대방 국가의 말을 이용하기도 하였다.

우리나라 사람들이 부르던 '두 섬'이라는 명칭이 일본 사람들에게는 결코 쉽게 발음할 수 있는 표현이 아니었다. 앞서 설명한 바 있듯이 일본 사람들은 '섬'이라는 우리나라의 말을 제대로 발음할 수 없었다. '섬'이라는 단어는 일본 사람들의 입에서 연음되어 '섬 〉 서무 〉 시무 〉 시마'로 변형되었다. 따라서 우리나라 사람들이 부르는 '두 섬'은 일본 사람들에 의해 '쓰시마'로 불리게 되었다. 일본어에는 '두'라는 글자가 없기 때문이다. 『삼국지』에 기록된 '對馬'라는 표기는 당시 중국 사람들이 한반도 사람들에게서 들었던 '두 섬'의 발음이 '두이마'로 들리면서 거기에 상응하는 한자어인 '對馬'를 차음한 것으로 전해진다.

두 개의 섬으로 보인다는 데에서 더 나아가 한반도에서 바라다본 대마도의 서쪽 해안은 들쭉날쭉한 해안선의 모습이 마치 말의 모습처럼 보이기도 하였다고 전해진다. 일본에서 바라보면 대마도 동쪽 해안의 해안선이 상대적으로 단조롭지만, 우리나라에서 바라보는 서쪽 해안선은 그렇지 않다. 이로부터 한반도에서 바라본 대마도는 말 두 마리가 서로 마주하는 모습처럼 생겼다는 이야기가 생겨났으며, 이를 한자화하여 말이 마주한다는 뜻의 '對馬'라는 지명이 유래하였다는 설도 있다.

마한의
건너편에 있는 섬

일본의 승려인 기도슈신(義堂周信)은 그의 저서 『공화일용공부략집(空華日用工夫略集)』에서 "대마는 마한에 대(對)한 땅이라는 뜻이다."라고 하였는데, 이는 대마도라는 섬과 마한의 위치 관계에서 명칭이 생겨났음을 보여 준다. 즉 고대의 마한(馬韓)과 마주보는 땅이라 하여 우리 선조들은 대마도로 명명하였던 것이다. 여기에는 과거 대마도가 마한과 마주하는 것 이상으로, 즉 대마도가 마한에 귀속된 땅이었음을 내포하고 있는지도 모른다.

마한은 삼한 시대 정치 연맹체 중의 하나로, 기원전 1세기~서기 3세기경 한강 유역에서부터 전라도 남해안 일대에 이르기까지 분포하던 여러 정치 집단을 총칭하는 고대국가이다. 원주민이 살지 않던 대마도에는 삼한 시대에 마한 사람들이 이주하여 정착 생활을 시작하였다. 대마도와 마한 사이에서는 일찍부터 교류가 시작되었고, 마한 시대 이후 백제가 성립된 후에도 그 교류는 지속되었다.

삼한 시대에는 제를 지내던 성역으로 알려진 소도(蘇塗)가 있었다. 지금은 거의 찾아보기 어려운 소도의 흔적이 대마도에 일부 전해지고 있다. 소도의 의례는 천군이 주재한 것으로 정설화되어 있지만, 소연맹국 안의 별읍이 소도여서 그곳에서는 지신이나 토템신 등의 귀신이 숭배되었다.

대마도 출신의 향토사학자 나카도메 히사에(永留久惠)는 그의 저서 『대마역사관광(對馬歷史觀光)』에서 "대마도의 소도(卒土)는 마한의 소도와 같은 것이며, 다카미무스비노카미(高皇産靈神)나 데라시스오오미카미(天照大御神) 등의 각종 신화가 조선 분국의 존재를 증명한다. 다시 말해 대마도신의 고향은 바로 한국이다."라고 기록하였다. 이렇게 본다면 대마도와 마한 사이의 관계는 매우 밀접하게 형성되어 있었고, 대마라는 지명이 마한으로부터 유래하였다는 설도 타당성이 있어 보인다.

3

대마도의 풍토 : 자연지리적 특징

복잡한
해안선

우리나라에서 조선 시대에 그려진 지도에서는 대마도를 서쪽 부분이 움푹 파인 ⊃ 형태로 묘사한 것이 많이 있다. 대마도의 중앙부에는 서쪽에서 크게 파고든 아소우 만(浅茅湾)이 발달해 있기 때문이다. 풍경이 아름다워 이 섬의 대표적인 절경으로 꼽히는 아소우 만은 크고 작은 섬들과 소규모의 하천이 바다와 복잡하게 어우러져 있는 전형적인 리아스식 해안(ria coast)이다(그림 1-6). 리아스식 해안이란 굴곡이 심한 해안선이 복잡하게 이루어진 해안가를 가리키는 표현으로, 다도해라 불리는 우리나라의 남해안이 전형적이다.

리아스식 해안은 대마도의 동안 일부와 남서 해안의 일부를 제외한 대부분의 해안에 형성되어 있다. 이 때문에 대마도의 해안선은 섬의 규모에 비해 상당히 길다. 섬의 동쪽 해안에서는 미우라 만(三浦湾)과 오로시카 만(大漁湾) 등지가 다도해로 이루어진 리아스식 해안을 형성하고 있다. 대

그림 1-6. 대마도 중부 서안의 리아스식 해안 아소우 만

표 1-2. 대마도와 울릉도의 면적과 해안선 비교

섬	면적(㎢)	해안선(㎞)	삼림 비율(%)
대마도	708.85	915	89
울릉도	72.6	64.4	75.7

자료: 일본 통계청(http://www.e-stat.go.jp), 울릉군청(http://www.ulleung.go.kr)

마도 전체 해안선의 길이는 총 915km에 이른다. 대마도 면적의 10분의 1
에 해당하는 울릉도의 해안선 길이가 64.4km임을 고려하더라도 대마도
의 해안선 길이가 상대적으로 길다는 것을 알 수 있다(표 1-2). 대마도의 면
적은 일본 통계청에서 발표한 자료에 따르면 708.85km²이고, 쓰시마 시
청에서 발표한 자료에 의하면 709.8km²에 달한다. 이 책에서는 일본 통
계청의 자료를 이용하기로 한다.

해안선의 드나듦이 복잡할수록 그리고 산과 골짜기의 기복이 심할수록, 그곳에 거주하는 사람들은 장소를 옮길 때마다 기존의 환경과는 차이가 나는 새로운 외부 환경을 만나게 된다. 새로운 장소에 적응하고 살아가기 위해서는 새롭게 마주하는 외부 환경을 극복해야만 한다. 대마도와 같이 해안선의 드나듦이 복잡하고 산의 기복이 심한 곳은 지절률(肢節率)이 높게 형성되는 지역이다. 지절률이란 지표상의 한 지점에서 다른 지점에 이르기까지 실제 거리와 직선거리 간의 비율로 산정되는데, 리아스식 해안이 발달한 대마도는 해안선을 기준으로 산정되는 수평 지절률이 상당히 높은 편이다.

대륙적 규모에서 해안선이 복잡한 리아스식 해안은 지절률이 높아 다양한 외부 환경에 대응하고 적응하면서 일찍부터 문명과 문화가 발달하기 좋은 조건을 가진 곳이 많았다. 우리나라를 포함한 동아시아를 비롯하여 지중해 연안, 미국 서부의 캘리포니아 해안 등이 지절률이 높은 지역이다. 일본의 대표적인 리아스식 해안인 대마도 서쪽의 아소우 만 일대 역시 이와 유사한 조건을 가진 지역이다. 지리교사를 역임하였던 김교신 (1901~1945)은 우리나라의 지리적 특징을 기술한 「조선지리소고」(1934)에서 지절률이 높고 해안의 굴곡이 심한 우리나라의 남해안 일대를 가리켜 '조선식 해안'으로 부르기도 하였으며, 일본 해군이 발틱 함대를 물리치기 전에 세계의 이목을 완전히 피하여 몰래 숨어서 전열을 가다듬을 수 있었던 것도 복잡한 해안선을 배경으로 만들어진 천혜의 항구 덕분이라고 하였다.

천혜의 해안 절경과 빽빽한 삼림을 가진 대마도는 이키 섬과 더불어 이키쓰시마 국정공원(壹岐對馬国定公園)으로 지정되어 있다. 일본의 국정

공원이란 자연공원법에 의거해 지정된 공원으로, 국립공원에 준하는 명
승지이다. 국립공원이 나라의 직접적인 관리를 받는 데 반해, 국정공원은
지방 자치 단체인 도도부현에서 관리한다.

　일본 나가사키 현 북서부에 있는 이키 섬과 대마도의 해안가를 중심으
로 형성된 이키쓰시마 국정공원은 총면적 126.3km²로, 1968년에 국정공
원으로 지정되었다. 대마도는 쓰쓰 만(豆酘湾)과 쓰나시마(綱島) 해안 등
에 깎아지른 듯한 해식애가 발달해 있으며, 섬 서쪽 중앙부에 형성된 아
소우 만의 만입부도 잘 알려져 있다. 현재 아소우 만에서는 진주 조개의
양식이 활발하게 이루어지고 있다.

산이 많고
척박한 토양

　섬의 면적은 넓지 않지만, 크고 작은 산이 많으며 대체로 산세가 험한
편이다. 대마도에서 가장 높은 곳은 해발고도가 648.5m인데, 이 지점은
이즈하라마치의 내륙에 자리하고 있는 야타테 산(矢立山)의 정상부이다.
대마도에서는 북쪽에 있는 상대마보다 남쪽에 있는 하대마에 자리한 산
의 해발고도가 상대적으로 높다. 해발고도가 가장 높은 야타테 산을 비롯
하여 오토리게 산(大鳥毛山), 다테라 산(龍良山), 아리아케 산(有明山) 등이
모두 이즈하라마치에 있는 산이다(표 1-3).

　대마도에서 6번째로 높은 시라타케 산(白岳)은 미쓰시마마치에 위치하
여 이즈하라마치와 미쓰시마마치의 경계를 이룬다. 시라타케 산은 대마

그림 1-7. 스기(杉)로 이루어진 대마도의 삼림

표 1-3. 대마도의 주요 산

산	고도(m)	위치(마치)	산	고도(m)	위치(마치)
야타테	648.5	이즈하라	시라타케	515.3	미쓰시마
오토리게	561	이즈하라	미타케	479	가미아가타
다테라	558.5	이즈하라	나루타카	343	가미쓰시마
아리아케	558.2	이즈하라	센보마키	287	가미아가타
메이시노단	536.4	이즈하라	시로	276	미쓰시마

도를 대표하는 산으로서 대륙계 식생과 일본계 식생이 혼재하는 원시림
으로도 유명하다. 한편 다테라 산의 원시림도 잘 알려져 있는데, 산의 북
쪽 사면 해발 120m의 저지대에서부터 산 정상부까지 원시림이 형성되
어 있다. 원시림으로 이루어지지 않은 나머지 산들은 인공조림을 통해 삼
림을 이루었다. 일본의 산은 50% 이상이 인공조림으로 조성되었다. 특히

1950년대 이후 본격적으로 가꾸기 시작하였는데, 식재한 나무의 대부분은 스기(すぎ, 杉)라는 삼나무와 히노키(ひのき, 檜)라는 편백나무이다(그림 1-7). 가미아가타마치에서는 내륙에 자리한 미타케 산(御岳)이 가장 높으며, 이와 함께 동부에 자리한 나루타카 산(鳴滝山), 북서부에 자리한 센보마키 산(千俵蒔山) 등이 비교적 높은 산에 해당한다. 대마도는 산악 구간이 많은 지형으로 이루어져 있어서 섬 내에서의 육상 교통은 편리하지 못하다.

지질은 대부분 신생대 제3기에 형성된 진흙 성분의 퇴적암으로 이루어져 있으며, 이는 대마도에 나타나는 지층이라는 데에서 대주층(對州層)이라고 불린다(그림 1-8). 대주층은 검은 회색의 혈암이나 점판암으로 이루어진 경우가 많다. 상대마의 북부에서는 일부 현무암이 분포하며, 하대마의 중앙부에서는 화성암의 일종인 석영반암과 화강암이 분포한다. 지표의 표토는 얇으며, 울퉁불퉁한 암면이 바다에 가라앉아 있는 거친 풍경을 섬 내 곳곳에서 관찰할 수 있다.

일반적으로 신생대 제3기 지층이라 하면 응고되지 못하고 무른 미고결 층을 떠올리기 쉽다. 한반도에 분포하는 신생대 제3기 지층은 대부분이 미고결층을 이루고 있기 때문이다. 그러나 대마도에 분포하는 신생대 제 3기 지층은 활발한 단층운동으로 인하여 지각이 벌어지는 현상이 발생하였고 습곡과 압축 구조도 형성되었다. 이로 인해 습곡 구조와 단층을 대마도 내에서 쉽게 볼 수 있으며, 이들 습곡 및 단층을 이루고 있는 암석의 강도는 매우 강하다.

대마도의 형성 과정에서도 지각의 뒤틀림 현상이 발생하여 한반도와 마찬가지로 지형 전체가 기울어진 경동 지형이 형성되어 있다. 또한 화강암이 관입한 후 오랜 기간에 걸쳐 대부분 침식됨에 따라 암석의 차별침식이 진행되면서 커다란 암석 형태의 봉우리만 남아 있는 곳이 있다. 시라타케 산의 정상부가 대표적이다. 대마도 북부의 히타카츠 주변에는 전형적인 해안 퇴적지층이 잘 보존되어 천연기념물로 지정되어 있으며, 퇴적지층의 전형적인 층상 구조가 해안침식과 어우러져 장관을 이룬다.

대마도는 섬이 남북 방향으로 길게 늘어서 있고 그 중앙부를 따라 산줄기가 섬의 방향과 일치하게 남북으로 뻗어 있다. 우리나라와 같이 동쪽으로 치우친 산줄기가 남북 방향으로 뻗어 있다고 보면 될 것이다. 대마도 내에서 물이 갈라지는 분수령은 정확히 말하면 동쪽에 다소 치우쳐 있다. 따라서 대마도를 흐르는 하천은 동서 방향으로 흐르는 것이 대부분인데, 큰 하천은 주로 서쪽으로 흐른다. 섬의 동서 길이가 짧은 관계로 하천의 총유로는 길지 않은 특징이 있다. 하천의 하류부에는 골짜기에 형성된 곡저평야가 있지만, 경작이 가능해 농경지로 이용되는 평지는 많지 않다. 이로부터 대마도의 땅이 척박하다는 말이 생겨났으며, 실제로 대마도에 거주하던 사람들은 아주 오래전부터 식량 자원을 확보하고 보존하는 것이 생활에서 가장 중요한 문제로 대두되었다. 대마도에서 고려 시대부터 우리나라의 남해안과 서해안에 약탈 행위를 한 이유도 식량 자원의 부족 때문이었다.

가장 유로가 긴 하천은 가미아가타마치(上県町)에 있는 사고 강(佐護川)인데, 총유로가 14.7km에 지나지 않는다. 가미쓰시마마치와 가미아가타마치의 경계부에서 발원하여 서북쪽으로 흐르는 사고 강은 일본 영토의 최북서단에 해당하는 시오자키(樀崎) 방향으로 흘러 사고 만(佐護湾)으로 유입한다. 니타 강(仁田川)은 가미쓰시마마치와 가미아가타마치의 경계부에서 발원하여 남서 방향으로 흐르다가, 대마도 서쪽 연안의 니타 만(仁田湾)으로 흘러 들어간다. 사스 강(佐須川)은 이즈하라마치의 야타테 산과 오토리게 산 사이에서 발원하여 북쪽으로 흐르다가 서쪽으로 방향을 틀어 고모다(小茂田)에서 바다로 흘러 들어간다. 아레 강(阿連川)은 이즈하라마치에 있는 시라타케 산의 서사면에서 발원하여 서쪽으로 흘러 대한 해협으로 유입한다. 이 외에 스모 강(洲藻川)은 미쓰시마마치와 이즈하라마치의 경계에서 발원하여 북쪽으로 흘러 아소우 만으로 유입한다. 세카와 강(瀬川)은 이즈하라마치의 남쪽 산악에서 발원하여 서쪽으로 흘러간다.

대마도는 산지가 많은 반면, 평지는 지극히 드물다. 산지를 흐르는 하천이 하류로 흘러 내려가면서 하천 주변에 농경지를 만들어 놓았지만, 그

규모 역시 크지 않다. 이처럼 대마도의 지형은 인간의 정착 생활에 유리한 조건이 아니었으며 지금도 마찬가지로 인간생활에는 불리한 자연환경을 지니고 있다. 그러나 인간들은 자기들이 살고 있는 땅을 유용하게 변화시키거나 적응해 가면서 지형을 순화할 수 있다. 대마도에 거주하는 사람들 역시 지형 순화의 과정을 통해 그들만의 풍토에 맞는 생활양식을 발전시켜 나갈 수 있었다. 새로운 환경에 적응하지 못하면 사람들의 정착 생활은 힘들어지기 마련이므로, 다양한 외부 환경을 자주 맞닥뜨리는 사람들은 주어진 환경에 적응하면서 극복해 나가야 한다. 따라서 지절률이 높은 지역에 거주하는 사람들은 일찍부터 그들만의 고유한 생활양식을 개발하고 발전시킴으로써 타 지역에 비해 우수한 문화를 생산해 낼 수 있었다.

생태계의 보고

대마도는 산림이 전체 면적의 89%를 차지할 정도로 자연 생태계의 보존 상태가 양호하고 사람의 손길이 많이 닿지 않은 섬이다. 이즈하라마치의 다테라 산과 미쓰시마마치의 시라타케 산에는 원시림이 아직까지 보존되어 있으며, 이 원시림은 천연기념물로 지정되어 보존되고 있다. 섬의 지형은 해발 200~300m의 산들이 해안을 따라 연속적으로 자리하고 있으며, 해안가의 일부 지역에서는 높이가 100m를 넘는 절벽이 형성되어 있기도 하다. 이런 곳에서는 대마도가 지니고 있는 웅장한 자연의 모습을

그림 1-9. 천연기념물로 지정된 쓰시마야마네코

제대로 즐길 수 있다.

  대마도의 풍부한 자연에는 일본의 천연기념물로 지정된 쓰시마야마네코(ツシマヤマネコ)를 비롯하여, 대마도를 제외한 일본 영토에서는 보기힘든 식생, 그리고 한반도에서 주로 나타나는 대륙계의 동식물 등이 포함된다. 쓰시마야마네코는 대마도에서만 서식하는 고양이과의 동물로, 대마도의 산에 사는 고양이라는 의미를 가진다. 실제 생김새를 보면 고양이라기보다는 우리나라의 산지에 서식하는 살쾡이와 유사하다(그림 1-9). 대마도는 대륙계의 고유종이 많이 서식하고 있는 곳이며, 쓰시마야마네코와 쓰시마담비 등은 천연기념물로 지정되었다. 쓰시마야마네코가 일본열도에는 서식하지 않고 한반도에 서식하는 살쾡이와 닮은 것도 대마도가 한반도와 유사한 지리적 환경을 지니고 있거나 과거에 대마도가 한반

도와 동일한 땅덩어리였음을 보여주는 지표이다.

일본 열도에서 흔히 볼 수 있는 식생을 대마도에서는 보기 어렵다는 점과 대마도의 식생이 한반도의 그것과 유사한 특징을 보인다는 사실은 과거에 대마도와 한반도가 하나의 덩어리로 이루어진 땅이었음을 시사한다. 부산에서 대마도 사이의 대한 해협은 수심이 40~200m 정도로 형성되어 있으며, 가장 깊은 곳은 210m 정도에 달한다(그림 1-10). 울릉도와 독도 주변의 동해상에서 수심이 깊은 곳이 2000m를 넘는 것과 비교하면, 대한 해협의 수심은 매우 낮은 것이다.

지금으로부터 수만 년 전에 지구에는 몇 차례에 걸쳐 빙하기가 찾아왔

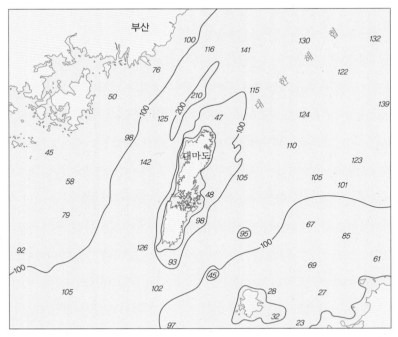

그림 1-10. 대마도 주변의 해도(숫자는 수심을 나타내고, 단위는 m임)

다. 빙하기에는 지구의 기온이 내려가면서 바닷물이 극지방으로 이동하여 얼어붙기 때문에 해수면이 지금보다 훨씬 낮은 상태를 유지하였다. 빙하기가 되면 동해가 자리한 우리나라와 일본 사이에는 호수가 생겨나고 중국 대륙과 한반도는 육지로 연결된다. 이는 앞에서 설명한 것처럼 한반도에서 대마도를 거쳐 일본 규슈에 이르는 구간의 최고 수심이 낮은 반면, 동해의 최고 수심이 2000m를 초과한다는 사실로도 확인이 가능하다.

지금과 같이 해수면의 높이가 높지 않았던 마지막 빙하기에 대마도는 한반도와 육지로 연결되었기 때문에 육로를 통한 이동이 가능하였다. 당시에 대륙계의 생물들이 남하하면서 서식지를 대마도로 옮겨 간 것이다. 빙하기가 끝나고 지구의 기온이 올라감에 따라 빙하가 녹아내리고 해수면이 다시 빙하기 이전의 수준으로 상승하여, 한반도와 일본 열도는 더 이상 육지로 연결되지 않게 되었다. 이 과정에서 한반도와 일본 열도 사이에 대마도와 이키 섬 등이 형성되었다. 바다 한가운데의 섬에 고립된 생물들은 어느덧 대부분 멸종하였으며, 대마도의 풍토에 적응한 새로운 동물과 식물이 공존하는 독자적인 생태계가 만들어졌다. 또한 대마도는 계절을 따라 서식지를 옮기는 철새들의 중간 기착지로서 야생 조류의 관찰지로도 유명하다. 가미아가타마치에는 이러한 야생생물의 보호 및 연구를 수행할 수 있는 장소로서 '쓰시마 야생생물 보호센터'가 설치되어 있다(그림 1-11).

2013년 8월 29일에는 대마도에서 멸종 위기 종인 쓰시마야마네코의 유일한 서식지를 포함하는 260만m²에 달하는 넓은 삼림지가 경매에 나온 적이 있다. 좁지 않은 면적의 삼림이 경매에 나오면서 민간 개발업자에게 넘어가 대마도 전체의 생태계 파괴를 우려해야 하는 상황이 발생한 것이

그림 1-11. 쓰시마 야생생물 보호센터

다. 이 때문에 삼림의 경매에 반대하는 일본의 환경단체들이 쓰시마 시정
부와 재판소에 경매 반대 운동을 벌이기도 하였다. 당시 경매에 나온 삼
림의 면적은 서울 상암동에 있는 서울월드컵경기장(5만 8539.63㎡) 44개
를 합한 것보다 넓은 면적이고, 여의도(290만㎡)보다는 조금 좁다. 여러
단체의 반대에 부딪혀 삼림의 매각은 이루어지지 않았고, 결국에는 쓰시
마 시정부에서 이 삼림을 구입하여 난개발을 방지하고 기존의 생태계를
그대로 유지할 수 있게 되었다.

여름은 시원하고
겨울은 따뜻한 기후

대마도의 기상 환경은 우리나라와 큰 차이를 나타내지 않지만, 위도상 우리나라보다 남쪽에 있고 주변을 흐르는 쓰시마 해류의 영향을 받아 다소 따뜻하다. 여름철과 겨울철의 기온차가 상대적으로 작은 해양성 기후의 특징을 보인다. 겨울철에는 북서풍의 영향으로 추위가 심한 편이지만, 평균기온은 우리나라보다 높다. 여름철에는 30℃를 넘는 날이 거의 없어 비교적 시원하다. 즉 기온의 연교차 또는 한서차가 우리나라보다 작게 나타난다.

대한 해협에는 따뜻한 성질을 가지는 구로시오 난류의 지류인 쓰시마 난류가 북동쪽으로 흘러 동해로 이동한다. 그 영향으로 대마도는 비교적 온난하고 비가 많이 내리는 전형적인 해양성 기후의 특징을 보인다. 대마도에는 계절에 따라 방향이 바뀌는 계절풍이 불어 대체로 우리나라와 유사하게 계절풍의 영향을 받는다. 봄에는 서쪽의 아시아 대륙에서 불어오는 계절풍의 영향과 중국의 고비 사막에서 날아오는 황사의 영향을 많이 받는다. 겨울은 대륙에서 불어오는 계절풍의 영향으로 추운 날이 지속되기도 한다.

기상청의 자료에 따르면 우리나라는 중부 산간 지방이나 도서 지방을 제외하면 연평균 기온이 10~15℃에 달하고 가장 무더운 달인 8월은 23~26℃, 가장 추운 달인 1월은 −6~3℃를 기록한다. 한반도의 동남쪽에 자리하면서 대마도에서 가장 가까운 부산의 연평균 기온은 14.5℃이고 연평균 강수량은 1500mm 정도이다. 부산의 1월 평균 기온은 2.8℃이고 가장 더운 8월 평균 기온은 27.5℃를 기록하였다.

　부산보다 남쪽에 위치한 대마도에서 가장 추운 시기는 1월이고, 가장
더운 시기는 8월이다. 1월의 평균 기온은 5℃를 약간 상회하고 8월의 평
균 기온은 약 26℃에 달하여, 겨울은 우리나라보다 따뜻하며 여름은 그
반대로 약간 시원한 기후 조건을 가지고 있다. 1981~2010년까지의 30년
간 평균 최고기온은 19.1℃이며, 평균 최저기온은 12.4℃이다. 가장 무더
운 8월의 평균 최고기온은 29.5℃, 평균 최저기온은 23.8℃를 나타내었
다. 한편 가장 추운 1월의 평균 최고기온은 8.9℃, 평균 최저기온은 2.2℃
를 기록하였다. 일본에서 기상 관측이 시작된 이후 대마도에서 나타난 최
고기온은 1967년 8월 7일의 36.3℃이고, 최저기온은 1997년 2월 11일의
-7.9℃이다.

　강수는 대부분 4월부터 9월까지 집중적으로 내리고, 11월부터 이듬해
2월까지의 기간에는 강수량이 극히 적다. 연평균 강수량은 2235mm이며
6~8월 사이에는 매달 300mm를 초과하였다. 강수량은 7월에 가장 많고,
12월에 가장 적다. 겨울철인 12~2월 사이의 강수량이 적은 반면, 여름철
을 끼고 있는 6~9월까지의 강수량이 차지하는 비중이 크다. 평균 일조시
수는 1860시간으로 5월의 일조 시수가 가장 크고, 비가 많이 내리는 7월
의 일조 시수가 가장 작다.

4

대마도 사람들의 생활

대륙에서 건너간
북방계 주민

대마도가 지금으로부터 약 1만 년 전에 형성되었고 빙하기에는 한반도와 육지로 연결되어 있었음을 고려하면, 대마도에서 최초로 사람이 살기 시작한 시기는 대륙부인 한반도에서 사람들이 활동하던 시기와 대체로 비슷할 것으로 추정된다. 가미아가타마치의 서부 해안가에 있는 고시다카(越高)에서는 6000~7000년 전의 것으로 추정되는 덧무늬토기가 출토되기도 하였다. 여러 가지 정황을 따져 보면 오래전부터 한반도에서 거주하던 사람들이 대마도에 건너가 거주하기 시작했던 것으로 확인할 수 있다.

대마도에 사람들이 살기 시작한 시기가 정확히 언제부터인지는 알기 어렵지만, 그 섬에 남아 있는 유물이나 유적을 통해 인간 거주의 역사는 물론 대마도가 우리 영토의 일부였다는 사실까지도 확인이 가능하다. 대마도에 존재하는 우리의 유형 문화재 가운데 대표적인 것은 비파형동검이다. 비파형동검은 고조선 시대의 유물을 상징하는 것으로, 대마도가 우리의 영토였음을 보여 주는 중요한 증거이다. 일본인들은 현재 대마도에서 가장 큰 중심시가지를 이루고 있는 이즈하라를 중심으로 하는 해안가의 유적지에서 비파형동검을 쉽게 발견할 수 있다고 한다. 그렇지만 그곳에서 발견된 비파형동검이 실제로 존재하는지에 대해서는 우리가 알 바 없다.

규슈의 후쿠오카 현 다자이후 시(太宰府市)에는 역사와 관련된 규슈 국립박물관이 있다(그림 1-12). 이보다 앞서 설립되어 100년 이상의 역사를 지닌 도쿄(東京), 교토(京都), 나라(奈良)의 국립박물관이 미술 관련 박물관이라는 점에 비추어 보면 역사 중심으로 구성된 규슈 국립박물관은 남다른 의미를 가진다. 이 박물관은 일본에서 네 번째로 규모가 큰 국립박물관이며, '아시아와 일본의 문화교류를 배우는 박물관'이라는 주제를 가지고 있다. 규슈 국립박물관 4층의 문화교류 전시실에는 아시아 각 나라와 일본 간의 문화교류에 대한 내용이 전시되어 있다. 이곳의 상설 전시관에는 구석기 시대의 유물인 비파형동검이 다량 전시되어 있는데, 그곳에 기록된 해설에 따르면 고조선이라는 말은 언급하지 않은 채 "비파형동검은 기원전 3~2세기경의 것으로 대마도에서 출토되었으며 한반도에서 건너온 양식"이라고만 기록되어 있다.

대마도에서 고조선의 무기가 출토되었다는 사실은 일찍부터 대마도에 고조선의 무기 제작 기술이 도입되었음을 의미하고, 이는 곧 고조선이 일본 열도를 평정하였다는 사실을 뒷받침한다. 따라서 대마도에서 고조선의 무기가 출토되었다는 일본 측의 설명은 대마도가 고조선 시대부터 우리나라에 귀속된 땅이었음을 일본인들이 스스로 인정하는 의미로 받아들

그림 1-12. 규슈 국립박물관

일 수 있다. 단지 일본에서는 이와 같은 역사적 사실을 드러내지 않기 위하여 고조선이라는 말을 언급하지 않았을 뿐이다.

영토를 정의하는 요소로 중요하게 작용하는 것 가운데 하나가 그 땅에서 문화를 행한 주체인 원주민이 누구인가 하는 것이다. 여기에서는 대마도 원주민과 우리 한민족, 그리고 일본 민족에 관하여 일본에서 발표된 자료를 간략하게 소개해 보기로 하겠다.

1975년 일본 후생성(厚生省)의 후생성간장염 연구진은 세계보건기구 (WHO)와 협력하여 세계 인류를 HB 항원의 4개 유형에 따라 분류한 「바이러스 지도」를 작성하였다. 후생성은 2001년 1월에 후생노동성으로 명칭이 바뀌었다. 이에 따르면 B형 간염 바이러스에 감염되었을 때 생기는 HB 항원은 ① ADR, ② ADW, ③ ATR, ④ AYW 등으로 분류된다. ADR 항원은 북방계에 해당하는 한국인과 중국인에게서 압도적으로 많이 발견되었다. ADW형은 필리핀과 인도네시아에서 많은 것으로 나타났고, AYW

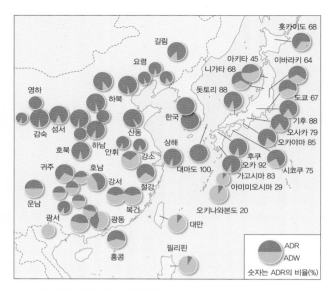

그림 1-13. ADR 항원과 ADW 항원의 분포

는 가나와 나이지리아 등의 아프리카에서부터 아랍 및 인도에 걸친 국가에서 두드러졌으며, AYR형은 뉴기니의 토착민에게서 주로 나타났다.

일본 열도에 사람이 거주하기 시작한 것은 남쪽에 원주민이 정착한 다음 이민족의 침입으로 남쪽의 거주자들이 점차 북쪽으로 이주하면서부터이다. 「바이러스 지도」를 작성한 연구진은 필리핀이나 인도네시아 등지의 남방계 민족과 한반도로부터 이주해 온 북방계 민족이 지금의 일본 민족을 형성했다는 남방계 및 북방계의 이입설(移入說)을 주장하였다. 그 이유는 한반도에서 가까운 대마도는 우리나라와 동일한 북방계이고 규슈와 후쿠오카 등지에서도 ADR 항원의 비율이 90%를 상회하는 북방계로 조사되었기 때문이다(그림 1-13).

그러나 일본 열도의 동북쪽으로 이동할수록 북방계를 의미하는 ADR

항원의 비율이 감소하는 반면, 남방계에 해당하는 ADW의 비율이 상승하였다. ADW의 비율이 대마도에서는 0%이었지만, 도쿄에서는 33%, 아키타에서는 55%로 증가하였다. 이를 통해 일본에 거주하는 사람들은 남쪽 지방과 북쪽 지방 사이에 형질의 차이를 지니고 있다는 사실이 확인된 것이다. 요컨대 대마도가 일본 열도와는 다른 민족이 살았던 곳이고 그 속성이 우리나라에 사는 사람들의 것과 일치하는 점으로 미루어 대마도에 거주하는 사람들은 순수한 우리 핏줄이라는 사실이 명확해졌다.

과소지역으로
바뀐 섬

대마도에 사람이 살기 시작한 시기는 아주 오래전부터이지만, 정확하게 몇 명이 거주하였는지에 대한 자료를 얻기는 쉽지 않다. 일본에서의 근대적인 인구조사는 1920년부터 실시되었다. 이 책에서는 일본에서 최초의 국세조사(國勢調査)가 이루어진 1920년 이후의 인구변화를 살펴보기로 한다. 일본의 국세조사는 우리나라에서와 마찬가지로 5년 단위로 실시되고 있다.

국세조사가 처음으로 실시되었던 1920년의 대마도 인구는 5만 6646명이었다. 1930년 이후 점진적으로 증가하던 인구는 1940년대까지 5만 7000명 내외를 유지하다가 1950년 들어서서 6만 명을 넘어섰다. 1950년대가 대마도 인구가 급격히 증가한 시기이며, 1960년에는 6만 9556명으로 인구규모의 최고점을 찍었다(그림 1-14).

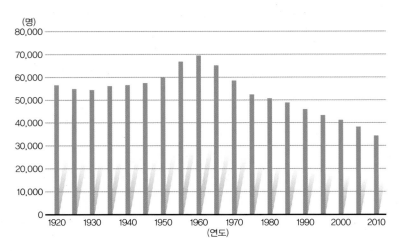
(명)

그림 1-14. 1920년 이후 대마도의 인구변화

표 1-4. 대마도 마치별 인구의 변화

(단위: 명)

마치	1980년	1985년	1990년	1995년	2000년	2005년	2010년
이즈하라	23,472	20,897	18,564	17,343	15,485	14,417	12,684
미쓰시마	12,812	10,837	9,382	8,905	8,423	8,216	7,841
도요타마	7,950	6,294	5,604	5,281	4,705	4,259	3,746
미네	6,032	4,720	4,042	3,402	2,897	2,575	2,296
가미아가타	8,547	7,131	5,915	5,102	4,494	4,092	3,505
가미쓰시마	10,743	8,793	7,303	6,031	5,226	4,922	4,335
계	69,556	58,672	50,810	46,064	41,230	38,481	34,407

자료: 쓰시마 시청(http://www.city.tsushima.nagasaki.jp)

그림 1-14에서 보는 것처럼, 1960년대에 들어서면서부터 인구가 감소하기 시작하였으며, 이때부터 시작된 대마도의 인구감소는 2010년까지 지속되었다. 2010년에 실시된 국세조사에 따르면, 대마도의 인구는 3만 4407명으로 줄어들었다. 세대수는 1920년의 1만 1526세대에서 점진적

으로 증가하여 1985년에 1만 5232세대까지 늘었지만, 그 후 감소하기 시작하여 2010년에는 1만 3813세대가 거주하였다. 한편 쓰시마 시청에서 발표한 자료에 따르면 2015년 3월 기준으로 대마도에는 1만 5252세대에 3만 2765명이 거주하고 있다.

6개의 마치별 인구는 쓰시마 시의 시청이 자리하고 일본 본토와의 교통 여건이 편리하여 대마도의 중심지로 기능하고 있는 이즈하라를 중심으로 하는 이즈하라마치에 가장 많이 거주한다(표 1-4). 이즈하라마치에는 1980년에 2만 3000여 명이 살았지만, 인구감소가 지속되면서 2010년의 인구 조사에서는 1만 2684명이 거주하는 것으로 조사되었다. 그 뒤를 이어 이즈하라마치에 접한 미쓰시마마치, 가미쓰시마마치, 도요타마마치 등의 순이다. 인구감소 현상은 인구규모가 가장 작은 미네마치에서 가장 현저하게 나타났다.

대마도 내 각 마치에서 지속적인 인구감소 현상이 나타나자 1990년부터 일본의 과소지역진흥특별조치법의 적용을 받게 되었다. 과소지역(過疎地域)이란 거주 인구가 절대적으로 감소하여 인구가 희박한 지역을 일컫는다. 이 법에 따라 이즈하라마치를 제외한 나머지 5개의 마치가 과소지역으로 지정되었으며, 1995년에는 이즈하라마치도 과소지역으로 지정되었다. 마치 내의 마을별 인구는 평균적으로 300명에 미치지 못한다.

대마도의 인구가 1960년 이후 꾸준하게 감소하는 원인은 젊은 노동력이 대마도를 떠나 도시 지역으로 이주하였기 때문이다. 특히 남성 노동력의 유출이 인구감소의 주요 원인에 해당한다. 1920~1930년대만 해도 대마도에는 여성 인구에 비해 남성 인구가 훨씬 많았다. 이는 여성 100명당 남성 인구의 수를 의미하는 성비(性比)를 통해 확인할 수 있다. 일반적으로 성비가 100을 넘으면 여성 인구에 비해 남성 인구가 많은 남초(男超) 지역이고, 반대로 성비가 100을 넘지 않으면 여초(女超) 지역으로 분류한다. 1920~1930년대에는 대마도에서의 성비가 115를 상회하였다. 그러나 1940년대 중반부터 여성 인구수가 남성 인구수를 추월하기 시작했고, 2010년의 성비는 94.4로 감소하였다. 대마도는 인구증가가 뚜렷하던 1950년대까지만 하더라도 남성 인구가 여성 인구에 비해 월등하게 많은 남초 지역이었지만, 지금은 여성 인구가 남성 인구를 크게 앞지르는 여초 지역으로 변모한 것이다. 즉 대마도에서 남성 인구의 감소가 전체 인구의 감소와 어느 정도 상관관계를 나타냈다.

고령사회를 넘어 초고령사회로 진입한 대마도

젊은 남성 인구가 대마도를 떠나는 이유는 경제활동을 수행하는 연령층에 접어든 청장년층을 마땅히 수용할 만한 시설이 구비되어 있지 않기 때문이다. 대마도는 산업구조가 제1차 산업 중심으로 구성되어 있어서 제조업과 같은 제2차 산업의 발달이 상당히 미약하다. 섬 내에서 찾을 수 있는 일자리가 부족하기 때문에, 대마도의 젊은 남성 인구가 일자리를 구하기 위하여 규슈 지방으로 빠져 나가면서 청장년층을 중심으로 노동력의 유출 현상이 심화되었다. 또한 고등학교를 졸업한 후 진학할 수 있는 고등 교육기관이 대마도에는 전혀 설치되어 있지 않다. 따라서 1960년대 이후 대마도에서는 젊은 연령층의 유출 현상이 심화된 것으로 풀이된다.

일본은 오래전부터 출산율이 감소하기 시작하였다. 출산율의 감소는 곧 인구감소로 이어지는 동시에, 장기적으로는 청장년층의 규모를 감소시키는 원인으로 작용한다. 출산율이 낮은 일본에서는 인구감소가 사회문제로 대두된 지 오래다. 우리나라보다 훨씬 이전부터 저출산이 사회적 문제로 대두되었던 일본에서는 1950년대 말부터 이미 출산율이 급격히 감소하기 시작하였고, 1970년대 중반부터는 2명 이하로 줄어들었다. 1990년대에는 일본의 거품경제가 붕괴됨에 따라 출산율이 1.26으로 최저점을 기록하기도 하였다. 이와 같이 출산율이 감소하면서 노년층의 비율은 점진적으로 높아지는 추세에 있다.

대마도에서도 출산율의 감소와 노년층의 증가는 거스를 수 없는 일반적인 현상이 되었다. 1980년에는 유소년층(0~14세)의 비율이 25.3%를 차지하였고, 노년층(65세 이상)의 비율이 10.7%를 기록하였다. 그러나 출산율이 감소함에 따라, 유소년층이 차지하는 비율은 1995년에 20% 이하로 추락하였고 노년층의 인구 비율은 18%를 넘어섰다. 2010년의 국세조사 결과에 따르면 대마도의 유소년층은 전체 인구의 14%를 차지하고 노년층은 전체의 29.5%를 차지할 정도로, 인구의 노령화 현상이 심화되었다. 대마도의 저출산 고령화 현상은 일본 전국은 물론 나가사키 현보다 빠른 속도로 진행되었다. 이로 인한 학령 인구의 감소는 초등학교와 중학교의 폐교로 이어졌다. 저출산 고령화 현상이 지속되면 대마도의 2030년 추계 인구는 2만 3000여 명 수준일 것으로 예상된다.

국제연합(UN)에서는 한 사회의 인구에서 65세 이상 노년층이 차지하는 비율에 의거하여 사회의 성숙도를 평가한다. 즉 노년층의 비율이 전체 인구의 7%를 넘어서면 고령화사회(aging society), 14%를 넘어서면 고령사

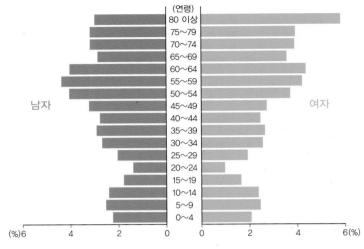

그림 1-15. 대마도의 성별 연령별 인구구성(2010년)

회(aged society), 20%를 넘어서면 초고령사회(super-aged society)로 구분한다. 이 기준에 따르면 대마도는 1990년에 고령사회에 진입하였고 2000년에는 초고령사회로 진입한 셈이다.

한 사회를 구성하는 인구 집단의 성별과 연령별 구성을 한눈에 파악할 수 있는 것이 인구피라미드이다. 노년 인구의 비율이 낮고 출생률이 높은 사회에서는 삼각형 모양의 인구피라미드가 형성되지만, 노년 인구의 비율이 높고 출생률이 낮은 사회에서는 그 반대 모양의 인구피라미드가 형성된다. 대마도의 인구피라미드는 20~24세층의 비율이 가장 낮고 80세 이상 연령층이 차지하는 비율이 상당히 높다(그림 1-15). 이에 따라 피라미드의 모양도 전체적으로는 역삼각형 모양을 하고 있다. 성별 구성에서는 60세 이상의 연령층에서 여성 인구가 차지하는 비중이 남성 인구에 비해 큰 것을 볼 수 있다. 우리나라를 비롯한 대부분의 국가에서는 노년층으로 갈수록 여성 인구의 비중이 커진다.

한편 1997년부터는 대마도의 사망자 수가 출생자 수를 넘어서면서 인구의 자연감소 현상이 가속화되고 있다. 이 과정에서 경제활동 인구(15~64세)가 차지하는 비중은 1980년의 64%에서 2010년에는 56.5%로 감소하였다. 경제활동 인구의 감소는 대마도의 산업 발달에도 좋지 않은 영향을 미친다.

제2차 산업이
빈약한 경제활동

지역 내에서 이루어지는 경제활동의 속성에 따라 산업을 분류하면, 보편적으로 제1차 산업, 제2차 산업, 제3차 산업 등으로 나눌 수 있다. 제1차 산업은 인간에게 필요한 재화를 자연으로부터 생산하는 산업으로, 농업·임업·수산업 등이 대표적이다. 제2차 산업은 제1차 산업의 산물을 이용하여 완성된 제품을 만드는 경제활동이다. 제3차 산업은 인간에게 서비스를 제공하는 산업으로, 경제가 발전할수록 제3차 산업의 비중은 증가한다. 일본의 산업구조는 기술 발전 및 경제 성장에 따른 소비 확대 등에 의해 크게 변화하였는데, 2012년 기준으로 제1차 산업 종사자의 비율이 4%에 불과하고 제2차 산업 종사자는 25.4%, 제3차 산업 종사자 비율은 70.6%에 달하였다.

일본 내에서 가장 낙후한 지역으로 평가받는 대마도는 산업구조 역시 취약한 편으로, 제2차 산업의 비율이 지극히 낮으며 제1차 산업의 비율이 높다(그림 1-16). 이는 곧 주민들의 취업 구조에도 영향을 미쳐 제1차 산업에 종사하는 사람의 비율이 전체의 21.7%에 달할 정도로 다른 지역에 비해 월등히 높다. 대마도가 속한 나가사키 현의 제1차 산업 종사자 비율이 8.9%임을 감안하면, 대마도의 산업별 종사자 특징을 쉽게 이해할 수 있을 것이다. 특히 제1차 산업 가운데 어업에 종사하는 사람의 비율이 77.4%에 달하는데, 이는 사면이 바다로 둘러싸인 대마도에서 어업의 비중이 매우 크다는 것을 보여 준다.

대마도의 제2차 산업 종사자 비율은 12.3%에 불과한데, 나가사키 현의 21.3%에 비교하면 아주 낮은 수치이다. 제3차 산업 종사자 비율은 66%로, 나가사키 현의 제3차 산업 종사자 비율인 69.8%에 비해 조금 낮은 수준이다. 이처럼 대마도에서는 제2차 산업 종사자 비율이 전국은 물론 나가사키 현과 비교해도 매우 작은 값을 나타내었는데, 이는 대마도 제조업의 발달이 매우 미약함을 잘 보여 주는 지표로 간주할 수 있다. 최근 들어 제1차 산업 종사자 비율 및 제2차 산업 종사자 비율이 줄어드는 대신 제3차 산업 종사자 비율이 증가하고 있는데(표 1-5), 이러한 현상은 대마도를

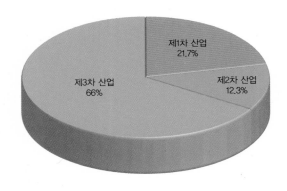

그림 1-16. 산업별 종사자 비율

찾는 관광객의 증가와 밀접한 관계를 가진다.

사방이 바다로 둘러싸인 대마도의 제1차 산업에서 가장 큰 비중을 차지하는 산업은 어업이다(그림 1-17). 어업은 대마도 동쪽 해안과 우리나라 동해에 형성된 어장을 중심으로 이루어지는 오징어잡이를 주축으로 한다. 대마도의 어민들이 오징어잡이를 통해 벌어들이는 수입은 나가사키 현 전체 오징어잡이 수입의 37.8%에 이른다. 오징어잡이를 통해 얻는 생산액은 2000년대 중반만 해도 나가사키 현 전체의 50%를 상회할 정도로 대

표 1-5. 대마도 산업별 취업자 수의 변화

(단위: 명, %)

구분	1990년	1995년	2000년	2005년	2010년
제1차 산업	6,190 (29)	5,621 (26.4)	4,832 (23.9)	3,806 (21.1)	3,357 (21.7)
제2차 산업	4,130 (19.3)	4,398 (20.7)	3,978 (19.7)	2,971 (16.4)	1,910 (12.3)
제3차 산업	11,043 (51.7)	11,263 (52.9)	11,409 (56.4)	11,266 (62.4)	10,223 (66)
총 취업자	21,367	21,292	20,219	18,066	15,507

자료: 對馬市, 2014, 『對馬の槪要』

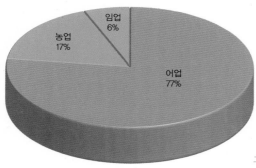

그림 1-17. 대마도 제1차 산업의 구성

그림 1–18. 대한 해협의 오징어잡이 어선의 불빛

마도에서 오징어잡이는 중요한 지위를 차지하였다(그림 1–18). 대마도 근해
는 일본에서 홋카이도(北海道) 다음가는 오징어 산지이다. 갓 잡은 오징어
를 햇볕에 말리는 모습을 대마도에서는 쉽게 볼 수 있다.

　이외에 풍부한 해양자원을 활용한 돔과 방어 등의 어획량이 많으며, 소
라와 전복 같은 갑각류와 톳이나 해조류의 채취도 활발하다. 연안에서는
정치망 어업이 발달하였다. 정치망 어업은 글자 그대로 한 장소에 장시
간 어구를 고정해 놓는 방식이다. 정치망 어업은 1890년대 일본의 면방직
공업이 발달하면서 대중화된 그물망을 활용하여 시작되었다. 또 리아스
식 해안을 이루고 있는 아소우 만을 중심으로 양식업이 활발하게 이루어
지는데, 특히 대마도에서 생산되는 진주의 생산량은 나가사키 현 전체의
50%를 상회한다. 과거에는 대마도에서 고급의 천연 진주가 채취되었지

그림 1-19. 아소우 만의 진주 양식장

만, 지금은 아소우 만에서 양식되어 일본 전국에 출하되고 있다(그림 1-19). 그러나 최근에는 어획량이 감소하고 어패류의 가격이 낮게 형성된 데다가 어업 환경이 열악해짐에 따라 어업 종사자가 매년 감소하는 경향을 보인다.

대마도는 섬 전체에서 삼림이 차지하는 비중이 큰 지역이며, 풍요로운 삼림자원을 바탕으로 임업이 발달하였다. 임업은 나가사키 현 전체 임업 생산량의 19%를 차지하며 제1차 산업 가운데 어업 다음으로 중요한 산업이다. 과거에는 목재 생산이 주를 이루었지만, 근래 들어서는 표고버섯 재배가 활발하게 이루어진다. 표고버섯은 어느덧 대마도의 특산물이 되었으며, 굵고 단단하며 향이 좋아 일본 제일의 품질을 자랑한다. 품질이 우수한 것은 나가사키 현에서 매년 실시하는 품평회에 엄격한 심사를 거쳐 출품한다. 표고버섯 생산은 봄철과 가을철에만 가능하다. 그러나 대마도에서 임업에 종사하는 사람이 감소하고 인구의 고령화가 진행되면서 임업의 여건이 나빠지기 시작하였다. 게다가 목재나 표고버섯의 가격이 하락함에 따라 임업 생산액이 감소하는 추세를 보이고 있다.

대마도의 제1차 산업에서 약 17%를 차지하는 농업은 1955년 이전까지만 해도 대마도의 주요한 산업이었지만, 다른 제1차 산업 부문에서와 마찬가지로 농업에 종사하는 노동력이 매년 감소하고 있다. 이로 인해 섬 내에서 채소나 쌀의 생산량이 줄어들었으며, 그 부족한 양은 대마도 이외의 지역에서 들여오고 있는 실정이다. 대마도는 논이 적어 쌀이 많이 생산되지 않지만 품질은 일본 최고여서 한때 대마도 쌀이 천황가의 진상품이었다고 한다. 이 쌀로 빚은 일본 술 사케도 잘 알려져 있다. 다른 한편으로는 대마도의 척박한 자연환경으로 쌀 생산량이 많지 않아, 한양에 들른 대마도 사절들이 가장 필요로 했던 하사품이 쌀이었다는 기록도 전해진다. 고려 시대에서 조선 시대에 이르는 동안 대마도주는 조정에 대마도 특산품을 조공하고 쌀 등의 생활 필수품을 받아 갔다.

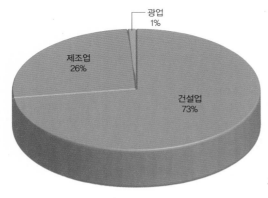

그림 1-20. 대마도 제2차 산업의 구성

대마도의 산업별 구성에서 가장 작은 비중을 차지하는 제2차 산업에서
는 제조업의 발달이 활발하지 않지만, 건설업이 차지하는 비중은 매우 높
은 편이다(그림 1-20). 제2차 산업에서 약 1%를 차지하는 광업은 이즈하라
마치의 이즈하라에서 멀지 않은 아즈(阿須) 지구에서 발달하였다. 그곳은
도자기, 위생도기, 타일 등을 만드는 주요 원료인 도석(陶石)의 일본 3대
생산지 가운데 하나이다. 도석은 견운모·규석·단백석 등으로 이루어져
있어서, 원석만으로도 도자기를 제작할 수 있는 암석이다. 아즈 지구에서
생산되는 도석의 양은 연간 약 3만 톤에 달한다.

　　제조업은 식료품 제조업, 요업, 토석제품 제조업, 목제품 제조업이 중심
적인 부문이지만 규모가 크지 않은 특징이 있다. 대마도의 공기와 수질을
오염시킬 만한 공업 시설이 많지 않은 점은 자연환경의 보존에 긍정적인
요소로 작용한다. 그러나 한 지역의 근간을 형성하는 제조업의 부족은 대
마도 경제 발전을 저해하는 요소임에 틀림없다.

　　대마도의 산업 구성에서 제일 중요한 부문이라 할 수 있는 제3차 산업
에서는 서비스업이 두드러진다(그림 1-21). 제3차 산업의 약 24%를 차지하

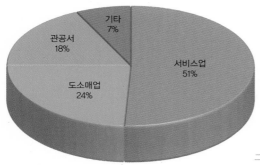

그림 1-21. 대마도 제3차 산업의 구성

그림 1-22. 국도 변에 입지한 대형 소매상가

는 도매업과 소매업 부문에서는 음식료품 소매업의 판매액이 높은 것이 특징이다. 상업의 판매액은 연간 5000억 원을 넘으며 상점 1개당 평균 판매액은 약 8억 원에 이른다. 근래에는 미쓰시마마치와 가미아가타마치 등지의 국도 변에 대형 소매점이 입지하여 판매액이 크게 증가하였다(그림 1-22).

관광은 역사·자연·문화적 자원을 배경으로 발달하였다. 제1차 산업과 제2차 산업이 활발하지 않은 대마도에서 관광업은 생존과 관련한 산업이라 해도 과언이 아니다. 대마도 주민의 주 수입원이 관광업이기 때문이다. 대마도의 독자적인 특징을 보여 주는 관광자원이 풍부하고 우리나라와의 국제 여객선 항로가 개설됨에 따라 섬을 찾는 관광객이 꾸준히 증가하였다. 쓰시마아리랑축제(지금은 쓰시마이즈하라항축제로 명칭이 변경되었음), 국경마라톤 IN 쓰시마, 쓰시마친구음악제, 이팝나무축제 등 국내외의 관광객을 끌어들이는 이벤트가 10개 이상 개최됨으로써 관광객의 증가 추세가 이어지고 있다.

'쓰시마아리랑축제'는 1988년부터 진행된 대마도 최대 규모의 축제이다. 역사적 고증을 통해 재현하는 조선통신사 행렬을 중심으로 한국과 일본의 전통 무용공연을 포함한 다채로운 행사가 펼쳐진다. 2013년부터는 이 축제의 명칭이 '쓰시마이즈하라항축제'로 변경되었으며, 축제의 절정을 이루었던 400여 명 규모의 조선통신사 행렬 재현 행사도 한때 중단되었다. '국경마라톤 IN 쓰시마'는 대한 해협의 수평선 너머로 우리나라가 보이는 해안을 따라 달리는 마라톤 대회이다. 일본에서는 한국이 가장 잘 보이고 가까운 국경을 실감할 수 있는 대회로, 우리나라에서도 많은 사람들이 참가한다.

5

대마도의 교통 여건과 전망

열악한 도로와
불편한 교통

대마도는 섬 전체가 산악 구간으로 이루어져 있어 교통 여건이 매우 불리한 지역이다. 산지를 통과하는 도로망의 발달이 더딜 수밖에 없다. 섬 내에서의 교통은 자가용의 이용이 많고 택시나 버스와 같은 대중교통의 이용은 많지 않은 특징이 있다. 도로는 쭉 뻗은 직선도로가 거의 없고 대부분이 구불구불한 산길로 되어 있다(그림 1-23). 때문에 도로의 고저가 심하고 굴곡도 많은 편이다.

이즈하라에서부터 각 마치의 중심 시가지를 통과하여 북쪽의 히타카츠에 이르는 남북 방향의 국도 제382호선이 대마도의 주요한 도로이자 간선도로이다. 국도 제382호선을 제외하면 섬 내에 개설되어 있는 도로는 산악 구간을 통과하기 때문에 도로의 폭이 좁을 뿐만 아니라, 급커브와 급경사의 구간으로 되어 있어 아직까지 정비가 제대로 이루어지지 못한 곳이 많다. 국도 제382호선의 실제 노선 구간은 대마도 북쪽의 가미쓰시

그림 1-23. 산악 구간을 통과하는 대마도의 도로

마마치의 중심지인 히타카츠에서 시작하여 이즈하라까지 이어진 후 이키 섬을 지나 이키 섬 남쪽에 있는 규슈 지방 사가 현의 가라스 시(唐津市)까지 이어지며, 총연장은 221.6km에 달한다. 국도 제382호선은 대마도에 있는 유일한 국도이다.

우리나라의 지방도와 유사한 것으로는 지방정부인 현에서 관리하는 현도가 있다. 현도는 규모가 큰 취락을 연결하는 주요 지방도와 그렇지 않은 일반 지방도로 나뉜다. 지방도의 노선 번호는 주요 지방도가 두 자릿수, 일반 지방도가 세 자릿수로 부여되어 있다. 대마도에 개설된 현도에는 이즈하라마치에서 미쓰시마마치로 이어지는 총연장 78.7km의 제24호선, 가미쓰시마마치에서 도요타마마치로 이어지는 총연장 51.1km의 제39호선, 이즈하라마치의 동서 해안을 관통하는 총연장 18.3km의 제44호선, 가미쓰시마마치의 동쪽에서 서쪽으로 관통하는 총연장 13.2km의 제56호선 등이 주요 지방도에 포함된다. 제56호선은 일반 지방도 제188호선이 승격된 것이다.

일반 지방도에는 상대마(북섬) 서쪽의 가마아가타마치 내에 개설된 총 연장 5.6km의 제178호선, 하대마(남섬)의 미쓰시마마치 내에 개설된 0.78km의 제179호선, 가마아가타마치 내에 개설된 총연장 16.7km의 제 180호선, 가미쓰시마마치 내에 개설된 총연장 1.8km의 제181호선과 총 연장 11.4km의 제182호선, 가마아가타마치 내에 개설된 총연장 3.2km 의 제189호선, 이즈하라마치 내에 개설된 총연장 12km의 제192호선, 미 쓰시마마치 내에 개설된 총연장 5.3km의 제197호선, 도요타마마치 내에 개설된 총연장 12.8km의 제232호선 등의 도로가 있다. 제232호선은 기 존의 일반 지방도 제215호선이 변경된 것이다.

대중교통으로 분류되는 노선버스의 이용객은 매년 감소하는 추세를 보 인다. 노선버스는 운행 횟수가 많지 않아 현지인은 물론 관광객들이 이용 하기에는 불편한 점이 있다. 대마도의 중심지인 이즈하라에서 북쪽의 항 구도시인 히타카츠까지는 노선버스가 하루 4회 운항한다(그림 1-24). 이는 인구감소와 함께 자가용 승용차의 보급에 따른 결과로 풀이된다. 이에 따 라 쓰시마 시정부에서는 노선버스를 유지하기 위하여 버스 운행을 담당 하는 쓰시마교통주식회사에 매년 10억 원에 가까운 세금을 투입하고 있 다. 노선버스 외에도 택시가 섬 내에서의 주요한 교통수단인데, 택시는 모두 콜택시로 운영된다.

섬 외부 지역으로의 교통은 쓰시마 공항에서 항공기가 운항하고, 이즈 하라와 히타카츠에서는 페리와 고속선이 운항한다. 1975년에 건설된 쓰 시마 공항을 운항하는 항공편은 후쿠오카와 나가사키를 각각 연결한다.

그림 1-24. 미네 마을의 정류소로 진입하는 대마도 노선버스

그림 1-25. 부산과 히타카츠를 운항하는 국제 여객선

항공편을 이용하여 대마도와 일본의 규슈 지방을 오가는 이용객 수는 1996년을 정점으로 감소하기 시작하였으며, 2012년에는 25만 4000여 명이 쓰시마 공항을 이용하였다.

해상 교통으로는 대마도와 일본 본토를 연결하는 정기 여객선이 히타카츠-후쿠오카를 1일 1회 왕복 운항하고, 이즈하라-후쿠오카 구간을 1일 2회 왕복 운항한다. 고속선은 이즈하라-후쿠오카를 1일 2회 왕복 운항한다. 2012년 기준으로 연간 해상 교통 이용객 수는 21만 2000여 명이었다. 우리나라와 연결되는 국제 항로로는 이즈하라-부산, 히타카츠-부산 구간의 노선이 운항되고 있다(그림 1-25). 이들 구간의 이용객 수는 30만 8000여 명에 달한다. 쓰시마 공항에서 김포 공항을 운행하는 부정기 항공 노선도 운항된다.

한국인 관광객이
가장 많은 섬

나가사키 현 이외의 지방에서 대마도를 방문한 관광객은 2009년에 27만 8000여 명이었던 것이 2012년 이후부터 큰 폭으로 증가하여 2013년에는 42만 6000여 명을 기록하였다. 이 가운데 대마도에서 숙박을 한 관광객은 24만 5000여 명으로, 1인당 평균 1.87일을 대마도에서 체류하였다. 24만여 명의 체류 관광객 가운데 18만 4000여 명이 우리나라에서 대마도를 방문한 관광객이다.

대마도를 찾아 하루 이상 숙박하면서 체류하는 관광객의 수는 2000년부터 급속히 늘어났다. 2008년에 일시적으로 정점을 형성한 후 몇 년간은 변동이 있었고, 2011년에는 동일본 대지진의 영향으로 방문객 수가 일시적으로 감소하였지만 대마도 체류 관광객의 수는 2012년부터 빠르게 증가하였다.

여기에서 두드러지는 특징은 대마도 체류 관광객의 거의 대부분이 우리나라에서 방문한 한국인 관광객이라는 점이다. 1999년까지만 해도 대마도 체류 관광객에서 한국인이 차지하는 비율은 97%를 넘지 못하였지만, 2000년부터는 한국인 관광객의 증가와 더불어 대마도 체류 관광객이 급격히 증가하였으며 한국인이 차지하는 비율은 전체의 99%를 넘어섰다(표 1–6). 그 이유는 1999년부터 부산과 대마도를 연결하는 여객선이 비정기적으로 운항을 시작하였기 때문이다. 2005년부터는 한국인의 단기 체

표 1–6. 대마도 체류 관광객 수의 변화

(단위: 명, %)

연도	1994년	1995년	1996년	1997년	1998년	1999년	2000년
관광객	2,500	1,794	2,834	2,679	1,553	2,710	12,976
한국인	2,158	1,737	2,672	2,545	1,295	2,620	12,883
한국인 비율	86.3	96.8	94.3	95	83.4	96.7	99.3
연도	2001년	2002년	2003년	2004년	2005년	2006년	2007년
관광객	15,211	20,178	29,492	40,538	61,585	55,417	97,560
한국인	15,181	20,113	29,420	40,436	61,585	55,315	97,468
한국인 비율	99.8	99.7	99.8	99.7	100	99.8	99.9
연도	2008년	2009년	2010년	2011년	2012년	2013년	
관광객	106,405	58,306	85,717	75,471	160,232	185,116	
한국인	106,327	58,234	85,621	75,427	159,938	184,963	
한국인 비율	99.9	99.9	99.9	99.9	99.8	99.9	

자료: 나가사키 현 관광통계데이터(http://www.pref.nagasaki.jp/bunrui/kanko–kyoiku–bunka/
kanko–bussan/statistics/kankoutoukei/2000.html)

류 시 비자가 면제되면서 대마도를 방문하는 한국인이 급증하였다. 대마도의 도로 안내판이나 이정표에는 일본어 지명 표기와 함께 한글로 된 지명이 반드시 병기되어 있다(그림 1-26). 이 역시 대마도 내에서 한국인 관광객이 차지하는 중요성을 보여 주는 부분이다.

대마도는 일본 영토에 속해 있지만 일본 내에서 가장 낙후한 곳 가운데 하나이고 일본 본토와의 거리가 멀어 교류도 활발하지가 않다. 그렇지만 우리나라에서는 배를 타고 1시간 정도면 도착할 수 있다. 대마도를 방문하는 한국인 관광객은 꾸준히 증가하고 있지만, 재방문으로 연결되는 수요는 그리 크지 않다는 분석도 있다. 만약 한국인 관광객이 대마도를 찾지 않는다면, 대마도 사람들의 생활 여건은 어떠할지 생각해 볼 만하다.

대마도에서 하루 이상 체류하는 방문객이 가장 많은 나라는 단연 대한민국이고, 그 뒤를 이어 미국이다. 미국에서 대마도를 방문한 체류 관광객은 연간 30~40명을 유지하고 있다. 그리고 중국에서 방문하는 체류 관광객이 연간 10~20명 내외이다. 중국에서는 2010년 이전까지 매년 10명 내외의 관광객이 방문하였고 2013년에는 41명으로 증가하였다. 그 이외의 국가에서는 대마도를 찾는 사람이 거의 없다.

대마도는 거친 자연환경을 가지고 있는 곳으로, 우리나라의 제주도처럼 낭만을 즐기면서 관광을 즐길 수 있는 지역은 아니다. 섬이라는 특수성과 불리한 교통 여건으로 인해 우리나라에서 대마도를 방문하는 일이 쉬운 것도 아니다. 그러나 우리나라 사람들에게 대마도는 단순히 여행이나 관광을 위한 장소 그 이상의 의미가 깃든 곳이다. 이는 대마도가 우리나라의 역사에서 선조들의 혼이 서려 있는 장소와 흔적을 많이 보유하고 있기 때문일 것이다. 쓰시마관광물산협회가 2008년에 한국인 방문객

그림 1-26. 한국어가 같이 표기된 도로 안내문

1000여 명을 대상으로 조사한 결과, 한국인이 대마도를 방문하는 동기의 90% 이상이 관광을 목적으로 하는데, 그 가운데 역사 체험이 가장 큰 비중을 차지하였다. 쓰시마 시정부에서는 급증하는 한국인 관광객을 맞이하기 위하여 부산에 '(재)쓰시마국제교류협회 부산사무소'를 설치하였다.

일본 영토 가운데 한반도에서 가장 가까운 거리에 있다는 지리적 조건 때문에 대마도는 동아시아 대륙으로부터 석기 문화와 청동기 문화를 비롯하여 벼농사, 불교, 한자 등을 일본 열도로 전해 주는 창구 역할을 하였다. 또한 예로부터 한반도와 일본의 사이에서 무역이나 교류를 활발하게 진행하였다. 동아시아 대륙과의 활발한 교류로 인해 대마도에는 많은 그림, 불상, 건축물을 비롯하여 한국식 산성으로 알려진 가네다 성(金田城)이나 고적 등의 역사·문화적 흔적이 아직까지도 고스란히 남아 있다. 이러한 것들이 우리나라 사람을 대마도로 끌어들이는 요소일 것이다.

6

대마도의 연혁

대마도의 과거를
보여 주는 『해동제국기』

조선 시대 우리나라에서 『해동제국기(海東諸國記)』라는 지리지가 간행되었다. 이 책은 1433년(세종 25)에 문서 기록을 담당하는 서장관(書狀官)으로 일본에 다녀온 신숙주(申叔舟, 1417~1475)가 1471년(성종 2)에 왕명을 받아, 그가 직접 관찰한 일본 정치 세력들의 강약, 외교 관계, 병력의 다소, 사회, 풍속의 이동, 지리 등을 종합적으로 정리하고 기록한 책이다. 해동(海東), 즉 우리나라의 바다 동쪽에서 가장 큰 나라가 일본이었기 때문에 일본에 대한 기록이 가장 큰 비중을 차지한다.

『해동제국기』는 단순한 기행문의 성격을 넘어 조선 시대 초기 대일 관계의 지침서로 간주되고 있을 정도로 내용이 알차게 구성되어 있다. 따라서 15세기의 한일 관계와 일본 사회 연구에 귀중한 자료로 여겨지고 있다. 이와 같은 사료적 가치 때문에 1933년 조선사편수회에서는 이를 영인하여 간행하였고, 1974년에도 민족문화추진회(지금의 한국고전번역원)에

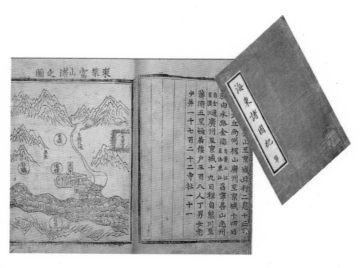

그림 1-27. 신숙주가 저술한 『해동제국기』

서 『해동제국기』를 영인하여 수록하였다. 『해동제국기』는 2010년 10월 7일에 서울특별시의 유형 문화재 제310호로 지정되었다.

『해동제국기』에는 신숙주가 작성한 서문과 범례가 포함되어 있고, 이어 『해동제국총도(海東諸國總圖)』, 『일본본국도(日本本國圖)』, 『일본국서해도구주도(日本國西海道九州圖)』, 『일본국일기도도(日本國壹岐島圖)』, 『일본국대마도도(日本國對馬島圖)』, 『유구국도(琉球國圖)』 등 일본의 영토를 포함하는 7장의 지도와 『일본국기(日本國紀)』, 『유구국기(琉球國紀)』, 『조빙응접기(朝聘應接紀)』 등으로 구성되어 있다. 일본 지도는 우리나라에서 만든 목판본 지도로서 현재 전해지는 것 가운데 가장 오래된 것으로 평가받으며, 조선식 파도 무늬가 바다에 그려져 있는 점이 특징적이다(그림 1-27). 저술된 내용 외에도 9장의 지도를 포함해 시각적 효과를 높인 이 책은 조선 전기와 일본 무로마치 바쿠후(室町幕府) 시대의 한일 관계에서 가장 정확하고 기초적인 사료로 인정받고 있다.

신숙주는 아래와 같이 서문을 기록하였다. 서문에는 일본의 위치를 주변 지역과 대비하여 상대적 위치의 개념으로 설명하였고, 당시의 정치체제에 대해서도 간략하게 언급하였다.

동해에 있는 나라가 하나뿐이 아니지만 그중에서 일본은 가장 오래되고 큰 나라이다. 그 땅은 흑룡강의 북쪽에서 시작하여 우리나라의 제주도 남쪽에까지 이르러서 류큐국과 서로 접경을 이루게 되어 그 지세가 매우 길다랗다. 초기에는 각 처에서 마을 체제로 나라를 세웠던 것을 기원전 772년(주평왕 48)에 그들의 시조인 협야(狹野)가 군사를 일으켜 쳐부수고 비로소 주군(州郡)을 설치하였으나 대신들이 각각 점령하여 통치하다 보니 마치 중국의 봉건 제후처럼 되어서, 제대로 관리되지 않고 있다(竊觀國於東海之中者非一 而日本最久且大 其地始於黑龍江之北 至于我濟州之南 與琉球相接 其勢甚長 厥初處處保聚 各自爲國 周平王四十八年 其始祖狹野起兵誅討 始置州郡 大臣各占分治 猶中國之封建 不甚統屬).

『일본국기』는 천황의 세계, 바쿠후(幕府)의 장군인 국왕의 계통, 일본국의 풍속, 도로의 길이 등에 대해 설명하고, 일본의 8도 66주 및 대마도와 이키 섬 등에 관하여 기록하였다. 주(州)의 설명은 그 위치, 소속 군(郡)의 수, 전답의 크기, 산출물, 우리나라와의 관계 등을 주로 서술하였다. 특히 신숙주가 일본에 방문하였을 당시, 대마도주를 설득해 체결한 계해약조(癸亥約條)는 당시 외교 현안이었던 세견선(일본이 해마다 보내는 배)과 세사미두(해마다 바치는 쌀)의 문제를 각각 50척, 200석으로 해결한 의미 있는 약정이다. 그가 일본에 도착했을 때 그의 명성을 듣고 온 일본인들에게 즉석에서 시를 써 주어 그들을 감탄하게 했다는 일화가 전한다.

지금의 오키나와 일대를 포함하는 『유구국기』는 국왕의 계통, 국도(國都), 풍속, 도로의 길이 등으로 나누어 설명하였으며, 『조빙응접기』는 사신의 선박 정수, 사선(使船)의 대소와 선부(船夫)의 정원, 약정서의 지급 절차, 사신의 영송(迎送), 삼포(三浦)의 음식 접대, 삼포에 정박하는 배의 수, 한양에 올라오는 사신의 인원수, 삼포의 연회, 한양으로 올라오는 도중의 연회, 한양에서의 영전연(迎餞宴), 궁중 연회, 예조의 연회, 선물, 급료 등 사신을 맞고 보내는 절차 및 예절 등을 설명해 놓았다.

『해동제국기』에 소개된 대마도

『해동제국기』는 일본 전체에 대한 내용을 소개하고 있지만, 그 가운데 대마도에 대한 내용은 다음과 같이 서술하였다.

군(郡)은 8개이다. 민가는 모두 해변 포구를 따라 살고 있는데, 모두 82개의 포(浦)가 있다. 남에서 북은 사흘길이고, 동에서 서는 하룻길 또는 한나절 길도 된다. 사방이 모두 돌산[石山]이라 토지가 메마르고 백성들이 가난하여 소금을 굽고 고기를 잡아 팔아서 생계를 유지한다. 소씨(宗氏)가 대대로 섬 주인 노릇을 하는데, 그 선조는 종경(宗慶)이다.

종경이 죽자 아들 레이칸(靈鑑)이 계승하였고, 영감이 죽자 아들 사다시게(貞茂)가 계승하고, 사다시게가 죽자 아들 사다모리(貞盛)가 계승하고, 사다모리가 죽자 아들 시게요시(成職)가 계승하였다. 시게요시가 죽자 계승할 아들이 없었다. 정해년(1467, 세조 13)에 섬 주민들이 사다모리(貞盛)의 동모제(同母弟)인 모리쿠니(盛國)의 아들 사다쿠니(貞國)를 세워 섬 주인으로 삼았다. 군수 이하 지방 관리는 모두 도주(島主)가 임명하는데 또한 세습이 가능하며, 토지와 염호(鹽戶)를 나누어 예속시킨다. 3교대로 7일 만에 서로 교체하여 도주의 집을 수직한다.

군수는 자기의 관할 구역이 매년 흉작인지 풍작인지를 실제 조사하여 세를 받아들이되, 그 3분의 1을 취하고 또한 그것의 3분의 2는 도주에게 바치고 나머지 3분의 1은 자신이 사용한다. 도주의 목장은 4개소인데, 말이 2000여 필이나 되고, 등허리가 굽은 말도 많다. 생산품은 감귤과 나무젓가락뿐이다. 남과 북에 높은 산이 있는데 모두 천신(天神)이라 명명하여 남쪽은 자신(子神), 북쪽은 모신(母神)이라 한다. 신을 숭상하는 풍속이 있어 제사를 지낼 때에는 집집마다 바다에서 잡은 생선이나 육류를 올리지 않은 제사상을 차렸다. 산의 초목이나 동물도 감히 침범하는 사람이 없고, 죄인이 신당(神堂)으로 도망가면 또한 감히 쫓아가 체포하지 못한다.

위치가 해동(海東) 여러 섬들의 요충이어서 우리나라에 왕래하는 각지의 추장들이 반드시 경유해야 할 곳이므로, 바다를 건너기 위해서는 모두 도주의 도항 증명서를 받아야만 한다. 도주 이하가 각기 사선(使船)을 보내는 것이 해마다 일정한 액수가 있는데, 대마도는 우리나라에 가장 가까운 섬인 데다가 매우 가난하기 때문에 해마다 쌀을 차등 있게 주었다.

위의 내용을 보면 대마도에는 산이 많으며, 땅의 생김새는 동서 방향에 비해 남북 방향으로 길게 늘어진 신장형의 땅임을 알 수 있다. 산지는 개간이 어려운 돌산이고 농경지도 부족하여 농업은 크게 발달하지 못하였으며, 어업을 비롯한 제염업이 주요한 경제활동이라는 사실도 기록되어 있다. 대마도는 우리나라의 서해안처럼 갯벌이 잘 발달되어 있지 않기 때문에, 바닷물을 가둔 상태에서 햇볕에 건조시키는 천일염의 생산은 거의 불가능하다. 따라서 그들은 바닷물을 가마솥에 담아 불을 때면서 짠물을 달여 소금을 생산하는 자염(煮鹽, 전오염이라고도 함)의 방식으로 소금을 만들었다. 소금물을 가열하여 소금을 생산하는 방식은 대마도의 여러 해안 마을에서 활발하게 이루어지기도 하였다. 우리나라에서 생활 여건이 어려운 대마도에 쌀을 공급해 주었다는 것으로 보아, 대마도가 조선의 실질적인 지배를 받았던 땅이었음을 알 수 있겠다.

또한 대마도 남북쪽에 있는 산을 천신이라 하여 각각 신을 모신다는 내용도 확인할 수 있다. 천신산(天神山, 191m)은 대마도 중앙의 도요타마마치에 자리한 산으로, 일찍부터 한반도에서 건너 간 사람들은 물론 대마도에 거주하던 사람들은 이 산을 성산으로 간주하였다. 그리고 죄인이 신당으로 도망가면 쫓아가 체포하지 않았다는 내용은 소도(蘇塗)의 개념과 일맥상통한다. 섬에 거주하던 사람들이 빈곤하여, 조선에서 많은 원조를 해준다는 내용까지도 확인할 수 있다.

당시 대마도에 있던 8개의 군은 지도에서 사각형의 틀 안에 지명이 표기되었다(그림 1-28). 지도에 표기된 지명은 풍기군(豐崎郡), 두두군(豆豆

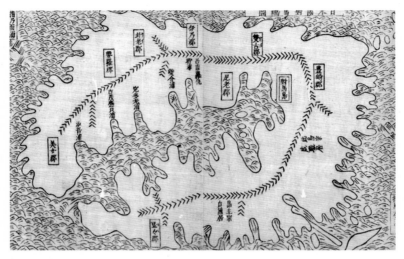

그림 1-28. 『해동제국기』에 포함된 대마도 지도

郡), 이내군(伊乃郡), 괘로군(卦老郡), 요라군(要羅郡), 미녀군(美女郡), 쌍고
군(雙古郡), 이로군(尼老郡) 등이었다. 풍기군은 도이사지군(都伊沙只郡)
이라고도 불렸으며, 지금의 가미쓰시마마치 북쪽에 도요(豊)라는 마을로
남아 있다. 두두군은 대마도 남쪽의 쓰쓰(豆酘) 일대를 가리킨다. 지금 사
용되는 한자 지명과 당시에 사용되었던 한자 지명은 다르지만, 우리식으
로 발음하면 '豆豆'와 '豆酘' 모두 '두두'로 동일하다. 괘로군은 오늘날 토
요타마마치에서 가장 큰 마을인 니이(仁位)가 포함된 인위군(仁位郡)이라
고도 불렸다. 요라군은 도주 자신이 군수를 겸했다는 내용으로 보아 도주
의 직할지였음을 알 수 있으며, 1908년에 대마도 남쪽에 요라촌이 있었음
을 고려하면 이즈하라마치에 속한 지역이었다는 사실까지 확인이 가능하
다. 따라서 요라군은 대마도 남쪽 해안가의 요라나이인(与良內院)을 중심

으로 형성되었을 것으로 짐작된다.

또한 대마도에서 조선으로 사신을 보냈다는 기록도 포함되어 있으며, 지역별로는 풍기군(1468, 세조 14), 이내군(1445, 세종 27), 괘로군(1433, 세종 15), 이로군(1444, 세종 26) 등지에서 사신을 보낸 것으로 확인된다. 『해동제국기』가 1471년에 간행되었음을 고려하면, 대마도에서 조선을 방문한 사신들의 방문 빈도는 이후 더욱 증가하였을 것이라는 추측이 가능하다.

해안가에 취락이 입지한 포구는 모두 82개에 달하였다. 포에 형성된 취락의 인구규모는 편차가 크게 형성되었는데, 그 가운데 규모가 컸던 취락은 미녀포(美女浦) 650여 호, 오야마포(吾也廓浦) 500여 호, 사가포(沙加浦) 500여 호, 수모포(愁毛浦) 400여 호, 계지포(桂地浦) 400여 호, 사수나포(沙愁那浦) 400여 호 등이다. 반대로 규모가 작았던 포는 인가가 전혀 없던 야음비도포(也音非道浦)를 비롯하여 와니로포(臥尼老浦) 10여 호, 조선오포(造船五浦) 10여 호, 앙가미포(仰可末浦) 10여 호, 세이포(世伊浦) 20여 호 등이다.

하나의 시로 통합된
대마도

앞에서 본 것처럼, 대마도는 여러 개의 군으로 분리되어 있던 지역이었다. 나가사키 현 관할이 된 후 대마도에는 이즈하라 지청이 설치되었다. 이즈하라 지청은 1886년(메이지 19)에 쓰시마 청(對馬島廳)으로 변경되었다. 1889년에는 시정촌체(市町村制)가 실시되었고, 1908년 4월 1일에는 도서 지역에 대한 정촌제(町村制)가 시행되었다.

정촌제의 실시와 함께 섬의 북쪽인 상도(上島)를 통합하여 설치된 가미아가타 군(上縣郡)에 미네(峰), 니타(仁田), 사스나(佐須奈), 도요사키(豊崎), 긴(琴) 등의 5개 촌이 지정되었고, 섬의 남쪽인 하도(下島)에 있던 마을들을 통합하여 설치된 시모아가타 군(下縣郡)에는 이즈하라(嚴原), 구다(久田), 쓰쓰(豆酘), 사스(佐須), 게치(鷄知), 다케시키(竹敷), 후나코시(船越), 니이(仁位), 누가타케(奴加岳) 등의 9개 촌이 지정되었다(표 1-7).

이즈하라마치는 본래 1908년에 시모아가타 군에 있던 이즈하라, 요라(与良), 사스 등의 3개 촌으로 시작하였는데, 1912년 들어 요라가 2개의

표 1-7. 대마도 행정구역 체계의 변화

군	촌				쓰시마 시 (합병 신설, 2004년)
시모아가타 군	이즈하라 촌	이즈하라마치(승격, 1919년)		이즈하라마치 (통합, 1956년)	
	구다 촌				
	쓰쓰 촌				
	사스 촌				
	게치 촌	게치 촌 (통합, 1932년)	게치마치 (승격, 1940년)	미쓰시마마치 (합병 신설, 1955년)	
	다케시키 촌				
	후나코시 촌				
	니이 촌		도요타마 촌 (신설, 1955년)	도요타마마치 (승격, 1975년)	
	누가타케 촌				
가미아가타 군	미네 촌			미네마치 (승격, 1976년)	
	니타 촌			가미아가타마치 (합병 신설, 1955년)	
	사스나 촌				
	도요사키 촌		도요사키마치 (승격, 1948년)	가미쓰시마마치 (합병 신설, 1955년)	
	긴 촌				

촌으로 분리되어 구다와 쓰쓰로 나뉘었다. 1919년 4월 1일에는 이즈하라 촌이 이즈하라마치로 승격하였다. 대마도 내에서의 중심성이 증가하고 일본 및 한국으로 향하는 선박의 항구 기능이 강화되면서 이즈하라가 섬 내에서 제일 먼저 마치로 승격한 것이다. 1956년에는 쓰쓰, 구다, 사스 등의 3개 촌이 모두 이즈하라마치에 통합되었다.

미쓰시마마치는 1908년에 시모아가타 군에 속하였던 게치, 다케시키, 후나코시 등의 3개 촌으로 출발하였다. 다케시키는 아소우 만에 접한 마을로 지금도 지명이 그대로 남아 있다. 1932년에는 게치 촌이 다케시키 촌을 통합하여 게치 촌이 되었고, 게치 촌은 1940년에 게치마치로 승격하였다. 1955년에 게치마치와 후나코시 촌을 합병하여 미쓰시마마치를 신설하였다.

도요타마마치는 1908년에 시모아가타 군의 니이와 누가타케 등 2개의 촌으로 구성되어 있었다. 1955년에 이들 2개의 촌을 병합하여 도요타마 촌이 신설되었으며, 도요타마 촌은 1975년 4월 1일에 도요타마마치로 승격하였다. 미네마치는 1908년 가미아가타 군의 미네 1개 촌으로 구성되어 있었다. 이후 오랫동안 행정구역의 변화가 없다가 1976년 4월 1일에 미네마치로 승격하여 현재에 이르고 있다.

가미아가타마치는 1908년에 가미아가타 군의 니타와 사스나 등 2개의 촌으로 구성되어 있었다. 1955년 4월 15일에 니타 촌과 사스나 촌을 통합하여 가미아가타마치가 신설되었다. 가미쓰시마마치는 가미아가타 군에 속한 도요사키와 긴 등의 2개 촌으로 구성되었다. 도요사키 촌은 1948년 12월 1일에 도요사키마치로 승격하였다. 1955년 1월 1일에 도요사키마치와 긴 촌을 병합하여 가미쓰시마마치로 탄생하였다.

표 1-8. 대마도 행정구역 수의 변화

연도	시군(市郡)	마치(町)	촌(村)
1908	2군	–	14
1919	2군	1	13
1932	2군	1	12
1940	2군	2	11
1948	2군	3	10
1955	2군	4	5
1956	2군	4	2
1975	2군	5	1
1976	2군	6	–
2004	1시	6	–

　　이러한 과정을 거쳐 1908년에 2개의 군, 14개의 촌으로 구성되었던 대마도는 8차례에 걸친 정촌 통합 및 신설로 1976년에는 2개 군(시모아가타 군, 가미아가타 군)에 각각 3개의 마치를 두게 되었다. 그리고 이들 2개의 군은 2004년에 쓰시마 시로 합병되었으며, 현재는 1시 6마치의 행정구역으로 편제되어 있다(표 1-8).

제2장

여섯 개의 마치로 이루어진 대마도

일본의 행정구역은 우리나라와 유사하게 광역자치단체와 기초자치단체로 이루어진다. 광역자치단체는 도도부현(都道府県)으로 구성되고, 기초자치단체는 시정촌(市町村)으로 구성된다. 도도부현은 우리나라의 특별시·광역시 및 도에 해당하는 자치단체이다. 일본에서는 지방자치법에 따라 시(市)가 도도부현의 하위 행정구역으로 설치되는데, 쓰시마 시(對馬市)와 같은 일본의 시는 군과는 별도로 구성된 기초자치단체이다. 일본에서 최초로 시제가 시행될 때에 형성되었던 39개의 도시는 옛 조카마치(城下町)가 많고, 일부는 새롭게 문을 연 개항장이다.

일본에서는 과거에 인구가 3만 명을 넘으면 시로 승격할 수 있었으나, 지금은 가장 기본적으로 인구규모가 최소 5만 명을 넘어야 한다. 이와 더불어 중심 시가지에 거주하는 가구 수가 도시 전체 가구의 60%를 상회하고, 상공업 등 도시적인 경제활동에 종사하는 세대 인구가 전체 인구의 60%를 넘어야 시로 지정될 수 있는 필요조건을 충족한다. 그리고 해당 도도부현의 조례로 정한 조건을 충족해야 한다. 그러나 시로 지정되는 여러 조건이나 기준은 도도부현에 따라 조금씩 다르게 적용된다.

일본에서는 정과 촌의 개념이 비교적 명확하게 구분되어 있었다. 즉 상공업에 종사하는 자가 많이 거주하는 곳은 '町'으로 표현하는데, 이는 '초(ちょう)' 또는 '마치(まち)'라 하였다. 반면 농업에 종사하는 사람이 모여 사는 마을은 '村'이라 하여 '손(そん)'이라 불렀다. '초'는 음을 읽는 음독이고 '마치'는 뜻을 읽는 훈독의 방식에 따른 것이다. 대마도에서는 2004년에 쓰시마 시가 출범하면서 '町'을 '마치'라 부르기로 하였다. 그러나 지금은 그와 같은 개념이 정확히 맞아떨어지지 않는다. 현재의 시정촌은 1947년에 제정된 일본의 지방자치법에 따른다. 본래 일본에는 3229개의 시정촌이 있었으나 2005년부터 시작된 대합병으로 인해 시정촌의 수가 절반 가까이 감소하였다. 2014년 1월 현재 일본에는 790개 시(市), 746개 정(町), 813개 촌(村)이 있다.

광역자치단체 가운데 도(都)는 도쿄 도(東京都) 하나이고 도(道)는 일본 열도의 가장 북쪽에 자리한 홋카이도(北海道)가 해당한다. 2개의 부(府)는 일본 제2의 도시인 오사카를 중심으로 형성된 오사카 부(大阪府)와 일본의 옛 도읍지인 교토를 중심으로 이루어진 교토 부(京都府)가 있다. 도도부에 포함되지 않는 지방은 모두 현(県)으로 편제되어 있으며, 현은 모두 43개로 구성된다. 즉 일본에는 모두 47개의 광역자치단체가 있는 셈이다. 2014년 5월 기준으로 광역자치단체 가운데 도쿄 도의 인구가 1328만 6735명으로 가장 많으며, 돗토리 현(鳥取県)의 인구가 57만 7642명으로 가장 적었다. 대마도가 속해 있는 나가사키 현의 인구는 139만 6461명으로 일본의 47개 광역자치단체 가운데 29위에 해당하는 규모이다.

나가사키 현의 현청 소재지는 나가사키 시이고, 나가사키 현에는 쓰시마 시를 비롯하여 모두 13개의 시와 4개의 군이 포함되어 있다. 군은 행정단위로 존재하였지만 1921년에 군제폐지법이 공포되고 1926년에 군청(군역소, 郡役所)이 폐지되면서 현재까지 지리적 구분으로만 존재한다. 대마도는 앞서 살펴본 것과 같이 섬 전체가 쓰시마 시를 이루며 그 하위에는 6개의 마치(町)가 설치되어 있다. 일본의 '町'은 보통 행정적인 업무 처리를 위해 경계가 설정된 행정정(行政町)에 해당한다. 이는 우리나라의 읍(邑)과 유사한 행정단위이지만, 읍이 시나 군의 하위에 설치된 행정구역인 것과 달리 일본의 '町'은 시와 동급의 행정구역이며, 정부와 의회를 가지는 자치단체에 해당한다. 이 장에서는 대마도에 설치된 6개 마치를 개략적으로 살펴보도록 하겠다.

대마도의 중심지 이즈하라마치

　　이즈하라마치(嚴原町)는 대마도의 가장 남부에 자리하고 있으며, 쓰시마 진흥국(구 쓰시마 지청 또는 쓰시마 지방국)의 소재지이기도 하다. 2004년 3월 1일의 대규모 합병으로 쓰시마 시의 일부가 되었다. 쓰시마 시청

그림 2-1. 쓰시마 시청

을 비롯하여 주요 관공서가 입지하여 쓰시마 시에서 가장 중심적인 지위를 차지한다(그림 2-1). 이즈하라마치의 인구규모는 6개의 마치 가운데 가장 크다.

이즈하라마치에서 최대 시가지는 대마도 최대의 항구를 품고 있는 동부의 이즈하라이다. 이즈하라는 대마도에서 제일 규모가 큰 마치의 이름이기도 하고 마을의 이름이기도 하다. 일본의 국세조사 자료에 따르면 이즈하라는 1960년부터 대마도에 형성된 인구집중지구이다. 인구집중지구(DID, Densely Inhabited District)의 개념은 일본에서 1960년 국세조사부터 채택한 일종의 지역 구분 방식이다. 인구집중지구는 시정촌의 영역 내에서 인구밀도가 4,000명/km²을 넘는 조사단위 지구들이 접해 있는 동시에 인접한 지구들의 전체 인구규모가 5000명을 넘게 되는 일련의 지구를 일컫는다. 이즈하라는 쓰시마 시의 정치 · 경제적 중심지이며 공공기관이 다수 입지하고 있는 도시적 지역이다. 이즈하라마치는 동쪽 해안가의 이즈하라를 비롯하여 크고 작은 마을 34개로 구성된다.

대마도의 남단에 위치하기 때문에 3면이 바다로 둘러싸여 있다. 동부에서부터 남부 해안을 따라 해안선의 드나듦이 복잡한 리아스식 해안이 발달해 있고, 서부 해안은 일직선상의 절벽으로 이루어진 해안선이 이어진다. 내륙에는 300~650m에 이르는 험준한 산이 연속적으로 분포한다. 대부분 지역이 산악으로 이루어져 있는 관계로 서부를 흐르는 사스 강(佐須川)의 하천 유역을 제외하면 넓은 대규모의 평지는 존재하지 않는다. 따라서 주요 마을은 평지가 형성되어 있는 하천의 하구 부분에 분산되어 분포하고 마을을 연결하는 도로는 굽이가 심한 산악 도로가 많다.

이즈하라마치의 중앙부에는 야타테 산(649m), 다테라 산(559m), 아리아케 산(558m) 등 해발고도가 500m를 넘는 산이 여러 개 있어, 일찍부터 사람들의 발길이 많지 않았던 지역이다. 따라서 고도가 낮은 동쪽 해안과 서쪽 해안에 오래전부터 사람들의 정착 생활이 시작되었고 주요 취락이 발달하였다. 해안에서 멀리 떨어진 내륙의 취락으로는 우치야마(內山), 구네이나카(久根田舍), 히카케(日掛), 시토미(土富), 가시네(樫根) 등이 있는데, 이들 마을은 산에서 흘러 내려가는 사스 강 및 세카와 강 등의 주요 하천 변에 자리한 취락이다. 복잡한 해안선으로 이루어진 해안가에 자리한 취락은 대체로 만입부에 입지하였다.

주요 명소로는 대마도의 20대 번주(藩主)가 설립한 사찰인 반쇼인(万松院), 조선식 산성으로 건축되어 이즈하라의 내성에 해당하는 가네이시 성(金石城)과 외성에 해당하는 시미즈 산성(淸水山城)의 유적, 무가의 저택터, 오후나에(お船江), 고모다하마 신사(小茂田浜神社), 다쿠즈타마 신사(多久頭魂神社) 등이 있다. 이와 더불어 일본 본토로 향하던 조선통신사들이 대마도에 머무르는 동안 숙박을 하였던 고쿠분지(國分寺), 최익현의 순국비가 있는 슈젠지(修善寺), 조선통신사의 비, 고려문(高麗門), 쓰시마 역사민속자료관 등 역사 문화적 요소들도 많이 있다. 또한 고려 여인의 효심을 기리는 비조즈카(美女塚) 비석이 있는 미녀총 공원을 비롯하여 덕혜옹주의 남편이던 소다케유키(宗武志)의 시비가 있는 가미자카(上見坂) 전망대 등도 잘 알려진 곳이다.

교육기관으로는 고등학교 1개교(나가사키 현립 쓰시마 고등학교)와 중학교 4개교가 있으며, 초등학교는 이즈하라 초등학교를 비롯하여 9개교와 두 개의 분교가 있다. 일본에서 5년 간격으로 실시하는 국세조사 결과에 따르면 이즈하라마치는 1985년까지만 해도 인구가 2만 명을 상회하였지만 계속적인 인구감소를 경험하였다. 이에 따라 2010년의 국세조사에서 인구는 1만 2684명(남자 6247명, 여자 6437명)이 거주하고 있는 것으로 조사되었으며, 인구규모는 2005년에 비해 12% 감소하였다. 2010년의 인구는 1980년에 조사된 인구(2만 3472명)의 절반을 조금 넘는 수준이다.

조카마치로 성장한 이즈하라

마치의 이름이기도 하고 대마도의 중심 시가지가 형성된 마을의 이름이기도 한 이즈하라는 하대마의 동남부에 위치하고 있으며, 대마도 전체를 통틀어 가장 번화한 시가지를 형성하고 있다. 쓰시마 시청을 비롯하여 주요 관공서가 이곳에 자리한다. 이즈하라는 가마쿠라 시대(鎌倉時代, 1185~1333)에 대마도를 다스렸던 소씨(宗氏)가 대마도 중부에 있는 미네마치의 사가(佐賀)에서 1486년에 이주해 온 후 메이지 유신이 일어나기 전까지 약 380년간 성곽의 아래에 자리한 마을인 조카마치(城下町)로 존재하였다. 즉 이즈하라는 성의 아랫부분에 있던 성 근처의 마을이라는 데에서 본래 명칭이 고쿠후나카무라(國府中村), 후추(府中), 후나이(府内) 등으로 불렸다. 그러던 것이 메이지 유신 이후 지금의 이즈하라(嚴原)로 개칭된 것이다. '부내(府内)'라는 지명은 우리나라에서도 조선 시대 이후 각 군현의 중심지를 지칭하는 명칭으로 사용된 적이 있으며, 이후 읍내(邑内)로 대부분 변경되었다.

일본의 주요 시가지나 도시는 우리나라의 도시처럼 도시 전체가 성곽으로 둘러싸인 상태에서 발달한 것이 아니라, 요새와 같은 기능을 수행하는 성곽의 근처에 형성된 마을에서부터 성장한 경우가 많다. 성문에서부터 성 아래의 마을까지는 대로로 연결되고 마을에 사람들이 거주하면서 상업활동이 활발하게 전개되어 중심 시가지로 성장한 경우를 일본의 도시에서는 흔히 볼 수 있다. 일본에서 19세기 말까지 각 지방의 영토를 다스리고 권력을 행사하던 우두머리인 다이묘(大名)가 거주하는 성곽 인근에 발달한 마을을 가리켜 조카마치라 부른다. 일본을 방문하던 조선통신사가 대마도에서 머무르던 곳도 성의 아래쪽에 만들어진 시가지이다.

후추는 중세 남북조 시대에 소씨 일가가 도요타마마치의 니이(1345~1408), 미네마치의 사가(1408~1468)로 옮겨 다니던 100여 년 동안 중심지 기능을 수행하지 못하던 황량한 곳이었다. 그러다가 이 지역이 다시 대마도의 중심지로 부흥한 것은 1468년 이후의 일이다. 제11대 도주인 소 사다쿠니(宗貞國)가 사가를 떠나 이곳으로 거처를 옮기면서 대마도의 정치·경제적 기능을 이 일대로 집중시킬 수 있게 된 것이다. 지금의 조카마치인 후추가 건설되기 시작한 시기는 제15대 도주인 마사모리(將盛) 이후이다. 도요토미 히데요시가 조선 출병을 위해 축성을 명함에 따라 가네이시 성(金石城)에서 약 500m 북쪽에 위치한 곳에 시미즈 산성(清水山城)이 축성되었다. 이렇게 해서 지금의 이즈하라는 조카마치의 모습을 완벽하게 갖추게 된다(그림 2-2).

해안가에 자리한 이즈하라는 아리아케 산(有明山)에서 동북쪽과 동남쪽으로 뻗은 산줄기에 의해 둘러싸여 있으며, 이들 두 산줄기는 바닷가에서 만입부를 형성하고 있다. 산에서 흘러 내려오는 두 개의 하천은 이즈하라 시가지를 관통하면서 이즈하라 항으로 향한다. 산록에는 사찰이나

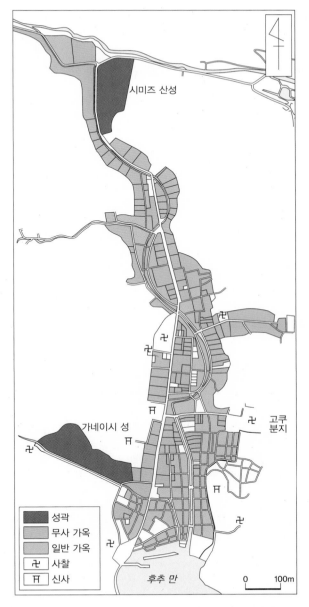

시미즈 산성

가네이시 성

고쿠
분지

성곽
무사 가옥
일반 가옥
卍 사찰
卄 신사

후추 만

0   100m

그림 2-2. 조카마치 후추(府中)의 토지이용
[자료: 上島智史(우에시마 사토시), 2011]

옛 성터 등이 남아 있으며, 하천을 건너는 교량의 이름이나 항구의 방파제 등지에는 이즈하라가 과거 조카마치였음을 보여 주는 역사적 흔적이나 사적 등이 많이 남아 있다. 이로 인해 사람들은 이즈하라를 '작은 교토(京都)'라 부르기도 한다. 하천은 규모가 크지 않지만 산줄기의 곡저부를 흐르면서 주변에 경사가 심하지 않은 편평한 땅을 형성하였기 때문에, 일찍부터 사람들이 하천 주변에 거주하면서 시가지가 발달할 수 있었다(그림 2-3).

예로부터 남북 방향으로 뻗은 도로가 시가지를 관통하였으며, 도로 주변으로는 고급스러운 무사의 주택이 자리하였다. 무사의 주택은 지금까지도 일부 남아 있다. 당시 이즈하라는 지배 계층을 비롯한 다양한 주민들이 거주하면서 신분 계층에 따른 나름의 주거지 분리가 이루어져 있었

그림 2-3. 이즈하라 시가지와 그 사이를 흐르는 하천

그림 2-4. 이즈하라 항 전경(우측: 이즈하라, 좌측: 구다)
[자료: 일본 국토교통성 규슈지방정비국
(http://www.pa.qsr.mlit.go.jp/nagasaki/port/izuhara_port.htm)]

다. 무사들은 성곽에 인접한 곳에 거주하였지만, 일반 백성들은 이즈하라 만에 접한 항구에서부터 이즈하라를 관통하는 하천 변에 집중적으로 거주함으로써 두 집단 간 거주 공간의 차별화가 확인된다.

두 개의 산줄기가 흘러 내려와 이즈하라 시가지를 둘러싸고 만입부를 형성하였기 때문에, 이즈하라의 앞바다는 바다의 거친 파도나 바람을 차단하기에 유리한 조건을 갖추었다(그림 2-4). 이는 곧 일찍부터 이즈하라가 항구로서 기능할 수 있는 밑바탕이 되었으며, 이즈하라는 일본 본토에서 대마도로 진입하는 관문에 해당하는 항구를 보유하게 되었다. 이즈하라 항은 여객 터미널을 비롯한 주요 시설을 갖추고 있으며, 세관과 해상보안청의 청사가 입지한 장소이기도 하다. 이처럼 이즈하라는 대마도를 외부 지역과 연결하는 기능을 수행하며 발전하였다. 과거에는 성 아래에 형성된 주거지로서의 성격이 강하였지만, 지금은 주거 기능과 함께 관문 기능도 추가되었다고 보면 좋다.

역사적으로는 오래전부터 한반도와의 교역 통로였다. 일본이 수도를 지금의 도쿄로 옮긴 에도 시대(江戶時代)에는 에도 바쿠후(幕府)의 허가를 받아 중국 대륙 및 조선과의 교역항으로 발전하였으며, 한양에서 에도(지금의 도쿄)로 향하던 조선통신사의 중간 기착지 역할을 하였다. 일찍부터 대마도에 형성된 조카마치에 인접하여 선박이 정박하는 곳으로서 기능을 수행한 것이다.

대마도에서 생산되는 수산물은 이즈하라 항으로 옮겨진 후 페리를 이용하여 후쿠오카 방면으로 출하된다. 제2차 세계대전 직후에는 대륙에서 반입해 온 물건이 일본 열도로 진입하는 중계 항구로 성장하였는데, 당시 이즈하라 항 주변에는 대륙에서 들어온 물건들로 발 디딜 틈도 없었다고 한다. 최근에는 부산을 왕복하는 정기 여객선이 취항하였으며, 이즈하라 항을 통해 수십만 명의 관광객이 대마도를 방문하고 있다.

이즈하라에서는 '쓰시마아리랑축제'가 매년 8월에 개최된다. 쓰시마아리랑축제는 이즈하라 항 주변 지역에서 개최되는 축제로서, 대마도 최대의 축제이며 이벤트이다. 이를 기념하기 위하여 쓰시마 시청의 정문에는 높이 85cm의 '한일 친선 아리랑의 종(韓日親善アリランの鐘)'이 걸려 있었다(그림 2-5). 쓰시마아리랑축제에서 가장 눈길을 끄는 볼거리는 가네이시 성 터에서 출발하여 이즈하라 항에 도착하기까지 에도 시대의 조선통신사를 모방하여 실시하는 조선통신사 행렬이다.

그러나 지금의 축제 명칭은 '쓰시마이즈하라항축제(對馬嚴原港まつり)'로 바뀌었고, 400여 명 규모의 조선통신사 행렬 재현 행사는 개최되기도 하고 그렇지 않을 때도 있었다. 축제의 이름에서 아리랑이 제외되면서 쓰

그림 2-5. 한일 친선 아리랑의 종

시마 시청 입구의 '한일 친선 아리랑의 종'도 자취를 감춰 버렸다. 축제의
명칭이 변경된 2013년에는 조선통신사 행렬 재현 행사가 열리지 않았다.
축제의 명칭이 변경된 원인에는 2013년에 한국인이 대마도의 사찰에서
불상을 훔쳐 반출한 뒤부터 한국에 대한 감정이 악화되었기 때문이다. 이
와 함께 이명박 전 대통령의 일왕 관련 발언과 일본의 우경화로 일본인의
반한 감정이 심화된 것도 원인으로 알려져 있다.

과거의 상공업
중심지 구다

이즈하라 시가지의 서남쪽에 위치하여 이즈하라 항을 사이에 두고 서
로 마주하고 있는 구다(久田)는 수산물이나 목재 등을 취급하는 선착장이
설치되어 있던 지역이다. 이 마을에서는 오랫동안 벼농사를 실시해 왔는

데, 어느 때부터인지 수리 시설을 활용할 수 없게 되었고 농경지는 대부분 마른 경작지가 되었다고 한다. 조선 시대에 간행된 『해동제국기』에 따르면, 15세기 중반에 "구다포(仇多浦)에는 30여 호가 거주하였다."라는 기록과 함께 "조선오포(造船五浦)에 10여 호가 거주하였다."라는 기록이 있다. 여기에서 '造船'은 본래 배를 만들고 고치던 구다 마을을 의미하는 것인데, 잘못 기록되어 인접한 마을인 지금의 오우라(尾浦)를 설명하면서 오포(五浦)의 앞부분에 조선(造船)이라는 말이 합해져 조선오포로 기재되었을 것으로 해석하는 견해도 있다.

15세기 중반 구다 마을의 북쪽에 자리한 마을(지금의 이즈하라)에는 100호 정도가 살고 있었지만, 구다는 그 이전인 677년부터 대마국의 중심지가 되었고 조정에서 대마도를 통치하기 위한 중요한 거점으로 활용되었다. 한반도로부터 선박을 제조할 수 있는 목공을 불러오는 것이 가능하였다는 것을 고려하면 구다에서도 선박을 제조하는 조선업이 발달했을 것이라는 추측이 가능해진다. 또한 1471년에 간행된 일본의 고문서에는 '구다의 가마(くたのかま)'라는 기록이 있다. 이는 소금을 만들기 위해 바닷물을 끓이던 부뚜막에 있던 가마솥을 의미하는 것으로, 중세 시대부터 구다에서는 자염업이 활발하게 이루어졌음을 짐작하게 해 준다. 2개의 커다란 마을로 이루어진 구다에는 시라코(白子, 신라) 마을이 있는데, 이 마을은 옛날에 신라인들이 살았던 곳이라고 전한다.

구다 포구의 가장 깊숙한 만입부의 구다 강 하구에는 1663년에 만들어진 오후나에(お船江)가 있다. 오후나에는 모두 5개의 선착장으로 이루어져 있다(그림 2-6). 이는 선박의 계류 시설로서 현대적 의미에서는 부두라 할 만한 것으로, 공용 선박이 정비되어 대기하던 장소이다. 과거 대마도

그림 2-6. 대마도주의 선박이 머물렀던 오후나에

주의 전용 선착장으로, 아무나 배를 정박할 수 있던 곳은 아니다. 대마도의 주인인 도주는 섬을 관리하는 데 있어서 도보나 말과 같은 육상 교통보다는 해상 교통을 선호하였다. 험준한 산악으로 이루어진 지형적 여건때문에 대마도의 남쪽에서 북쪽까지 말을 타고 이동하면 3일가량이나 소요되었을 정도로 육로가 불량하였기 때문이다. 선착장인 오후나에가 가네이시 성에서 약 3.5km 떨어진 곳에 설치된 것도 이곳에 선박을 건조할수 있는 조선 설비와 목수들이 있었기 때문으로 풀이된다.

에도 시대 중반까지 대마도는 부산에 위치한 초량왜관에 도자기를 만들어 보내면서, 섬 내에 거주하던 우두머리들의 주문에 화답하였다. 이시기에 대마도에서 최초로 도자기를 제작한 곳이 구다로 알려져 있다. 구다의 도자기가 역사에 등장하는 것은 조선에서 만들어진 가짜 도자기 사건 때문이다. 1657년 구다에서 만든 도자기에 조선 도자기라는 글자를 새겨 마치 조선의 장인들이 만든 것처럼 모조품을 만든 사건이 생기면서 구다의 요업소가 폐쇄되었고, 조선 도자기를 보호하기 위하여 구다에서 생산된 도자기에는 '구다(久田)'라는 문구를 명시하도록 한 것이다. 이후부터 차를 마시는 데 사용되는 도자기를 조선의 도자기와 유사한 모양으로 만드는 것이 대마도 내에서는 금지되었다고 한다.

1907년의 기록에 의하면 구다에는 농업 종사자 18호, 농업과 어업을 겸하는 가구가 43호, 상공업 종사자가 26호에 달하였다. 당시에 대마도 내에서 상공업 종사자가 이처럼 많은 마을은 없었다고 한다. 이는 구다가 대마도 제일의 소비 중심지인 이즈하라에 상품을 공급하는 주요한 기지였음을 시사한다. 이러한 양상은 태평양전쟁 이후에도 변화하지 않았다. 1976년 기업 유치 시책에 따라 첫 번째로 의류 제조를 위한 봉제 공장이 입주하였지만 그 이후 1970년대 말부터는 기업체의 입지가 활발하게 이루어지지 않았다. 근래의 구다는 상공업이 발달한 상품 공급지라기보다 이즈하라의 베드타운처럼 변모하고 있으며 새로운 소비 지역이 되고 있다. 이즈하라 시가지 주변에서 가장 인기 있는 관광 명소 가운데 한 곳이기도 하다.

돌 문화를 보여 주는
이시야네의 고장 시이네

대마도에는 아주 무거운 돌판을 지붕 재료로 활용하여 건축된 전통 가옥들이 밀집해 있는 마을이 있다. 대마도의 돌 문화를 대표하는 건물이라 할 수 있는 이시야네(石屋根)는 집 안의 곡물이나 농기구 등을 보관하는 창고 건물인데, 돌로 지붕을 이어서 만들어졌다. 창고는 본채에서 떨어진 곳에 짓는 경우가 많았고, 내부는 3칸으로 구성하여 가운데 칸에는 곡식을 저장하고 양쪽 2칸에는 옷과 이불과 같은 가재도구를 보관하였다. 에도 시대에는 평민이 지붕에 기와를 얹지 못하여 억새를 지붕에 이었다. 그러나 억새를 이은 지붕은 화재에 매우 취약하여 불에 타 버리는 경우가 많았다고 한다. 비록 집은 불에 타더라도 식량을 비롯한 주요 의류와 가재도구는 화재로부터 보호하고자 본채에서 멀리 떨어진 곳에 창고를 만들었다.

섬 전체의 89%가 삼림으로 이루어진 대마도에서는 식량을 구하고 보관하는 것이 생계에서 가장 중요한 일이었을 것이다. 또한 삼림에서는 화재도 자주 발생하였고, 한반도를 지난 북서풍이 불어닥치면서 추위도 매우 강하였다. 이와 같은 자연환경을 지닌 대마도에서 초가지붕이나 너와지붕으로는 바다로부터 불어오는 강풍이나 화재로부터 식량을 지켜 내기가 쉽지 않았다. 너와지붕은 통나무를 기와 모양으로 짜개서 지붕에 얹은 것으로, 울릉도나 강원 산간 지방에서 볼 수 있다. 따라서 주민들은 이러한 피해를 최소화하기 위하여 지붕을 돌로 만들게 된 것이다. 돌은 주로 사암이나 점판암과 같이 넓적한 돌을 이용하였다. 돌 지붕은 내구성이 뛰어나 보수의 필요성이 크지 않은 장점도 있다.

지붕에 사용된 돌은 아소우 만에 있는 미쓰시마마치의 시마야마(島山) 섬에서 배로 운반해 오거나, 마을 뒷산에서 떨어져 나온 낙석을 잘 다듬어서 사용한 것으로 알려져 있다. 우리나라에서도 돌을 지붕 재료로 활용한 전통 가옥을 강원도 산간 지방이나 충청북도 괴산, 또는 경기도 성남시 창곡동 등지에서 볼 수 있었다. 국내 가옥의 지붕 재료로는 점판암이 주로 사용되었다. 지금은 국내의 점판암 가옥이 대부분 사라졌다.

그림 2-7. 돌로 지붕을 이은 이시야네

이시야네가 건설된 곳은 해안가이므로 습기가 많은 특징이 있다. 따라서 지면과 가옥의 밑바닥 사이에는 약 50cm의 공간을 두어서 고상식(高床式)의 형태로 만들었다(그림 2-7). 고상식 건축은 기둥을 세워 바닥을 지면에서 높이 올려 설치하는 양식이다. 이는 땅과 건물 사이에 바람이 잘 통하게 함으로써 곡식의 부패를 방지하고 건조를 원활하게 한다. 지붕에 올라간 돌 하나의 무게는 크기에 따라 약간 다르지만, 보통 3톤에 이르고 가옥 전체적으로는 돌의 무게가 약 100톤에 달한다. 건물의 기둥은 잣밤나무, 마루와 천장은 소나무를 이용하여 건축되었다.

이와 같은 건축양식은 일본에서는 대마도에만 있고 대마도에서도 이즈하라마치 남서해안의 시이네(椎根) 마을에 가장 많이 남아 있으며, 해안가를 따라 인접한 고스키(上槻), 구네하마(久根浜), 구네이나카(久根田舍) 등지에서만 볼 수 있다. 30여 년 전만 해도 시이네 일대에 200동 이상이 남아 있었지만, 지금은 50동 정도만 남아 있다. 사라져 가는 옛 가옥을 보존하기 위하여 나가사키 현에서 문화재로 지정하였다. 무거운 돌을 지붕 위로 들어 올려 놓은 방법이 대단하게 느껴질 따름이며, 대마도 주민들이 자연환경의 어려움을 극복한 지혜를 엿볼 수 있다.

2

아소우 만과 리아스식 해안의 미쓰시마마치

　미쓰시마마치(美津島町)는 대마도의 중남부에서 이즈하라마치에 접해 있으며, 하대마에 속한다. 아소우 만에 접한 해안가를 중심으로 리아스식 해안이 잘 발달되어 있다. 굴곡이 심한 해안선의 총연장 길이는 대마도 해안선의 약 44%를 차지하는 403.3km에 달한다. 평균적인 해발고도는 낮지만 미쓰시마마치 전체의 87%가 산지로 이루어져 있다. 특히 남쪽 이즈하라마치와의 경계 부근은 300~500m에 달하는 가파른 산지가 형성되어 있다. 반면 서쪽의 아소우 만 연안은 50~200m의 비교적 낮은 산지로 이루어져 있다.

　아소우 만 일대에는 섬이 많이 있지만, 사람이 거주하고 있는 곳으로는 대마도 동쪽 해안의 오키시마(沖島) 섬과 이에 접한 아카시마(赤島) 섬을 비롯하여 아소우 만의 시마야마(島山) 섬이 있다. 아카시마 섬은 메이지 시대에 히로시마 현에 거주하던 사람들이 이주해 와서 개척한 곳이라고 전해진다. 시마야마 섬과 하대마는 아소우펄브리지(浅茅パールブリッジ)로 연결되고, 아카시마 섬은 1980년에 준공된 아카시마 대교(赤島大橋)를 통해 오키시마 섬과 연결된다(그림 2-8). 대마도 본토인 가모이세(鴨居瀬)

와 오키시마 섬은 1971년 가설된 스미요시(住吉) 다리에 의해 연결된다. 아소우펄브리지가 개통되기 전에는 섬을 운행하는 정기편이 없어서 생활과 교통 여건이 매우 불편하였지만, 1994년에 아름다운 다리가 완공되면서 자유롭게 섬을 드나들 수 있게 되었다.

미쓰시마마치는 대마도 내에서 동서 간의 길이가 가장 짧은 구간을 포함한다. 따라서 이 지역은 대마도의 동쪽 해안과 서쪽 해안을 최단거리로 연결할 수 있는 장점을 지녔기 때문에 오래전부터 전략적으로도 중요한 지역이었다. 일본은 1897년에 굴삭을 시작하여 1900년에 이 일대에 운하를 완성함으로써, 동쪽 해안에서 서쪽 해안으로 선박이 신속하게 이동할 수 있도록 하였다. 이 운하가 개통되면서 하나의 섬이었던 대마도는 상대마와 하대마로 명확하게 나뉘게 된다. 1956년에는 철교를 부설하여 자동차의 통행이 가능하도록 하였다. 제국주의 일본은 러일전쟁 기간에 이 다리 아래의 만제키 운하를 일본 해군의 전략적 거점으로 활용하여, 당시 해군 전력상 세계 최고로 간주되던 러시아의 발틱 함대를 대마도로 유인하여 대승을 거둘 수 있었다.

이곳은 대마도를 규슈 지방과 연결하는 항공 교통의 중심지인 쓰시마

그림 2-8. 아카시마 대교(좌)와 아소우펄브리지(우)

그림 2-9. 쓰시마 공항과 아소우 만

공항이 자리한 곳이기도 하다. 쓰시마 공항은 1975년에 해발 97m에 이르는 시라쓰레 산(白連江山)의 산정 부분을 절개하여 건설되었다. 나가사키 현에서는 최초로 산악에 건설된 공항으로, 해발고도는 63m이다. 총길이 가 1900m에 이르는 활주로는 대마도 중앙에서 상대마와 하대마의 중간에 형성된 지협을 횡단하는 형태이다(그림 2-9).

공항의 연간 이용객 수는 25만 명을 약간 넘는 수준으로 대부분 일본 사람들이 이용한다. 규슈 지방의 후쿠오카 공항과 나가사키 공항을 연결하는 항공편이 운항하고 있으며, 2009년 7월부터는 우리나라의 김포 공항을 연결하는 항공편이 부정기적으로 운항을 시작하였으나 김포 공항과 쓰시마 공항 사이의 이용객은 많지 않은 것으로 알려져 있다.

명소로는 다도해와 리아스식 해안으로 이루어진 아소우 만을 비롯하여 1300여 년 전 백제인들이 쌓아 올린 가네다 성(金田城) 유적, 일본에서 가

장 오래된 사찰인 바이린지(梅林寺), 하대마와 상대마를 연결시켜 주는 만
제키 다리, 만제키 전망대, 원시림이 보존되어 국가 천연기념물로 지정된
시라타케 산(白岳), 쓰시마그린파크, 아소우베이파크, 미쓰시마마치 해수
욕장 등이 있다. 미쓰시마마치에서는 매년 8월 '쓰시마친구음악제(對馬ち
ん ぐ音楽祭)'가 개최된다. 이 음악제는 1996년에 시작되어 세계 공통 언어
인 음악을 통해 대마도가 한국과 일본을 연결하는 다리 역할을 하고, 참
가자들 모두가 친구가 되는 매력적인 섬으로 만들겠다는 목표를 가지고
있다.

교육기관에는 미쓰시마마치에서 운영하는 공립 초등학교 5개교와 공
립 중학교 4개교가 있다. 1980년에는 인구가 1만 2812명에 달하였으나
지속적으로 감소하여 2010년의 국세조사에서는 7841명(남자 3771명, 여자
4070명)이 거주하고 있는 것으로 조사되었다. 2010년의 인구규모는 2005
년에 비해 4.6%가량 감소하였다. 마을은 게치(鷄知) 지구와 오후나코시
(大船越) 지구를 제외하면 인구 50명에서 300명 정도의 소규모로 구성된
27곳이 산재하고 있어 각 마을을 연결하는 도로는 수 km씩 뻗어 있기도
하다.

주목받는 마을
게치

최근 대마도에서 가장 변화가 심한 곳이 게치(鷄知)를 중심으로 하는 미
쓰시마마치라고 알려져 있다. 마치에서 자체적으로 운영하는 유선방송이

1992년부터 송출되고 있고, 1995년에는 대마도 최초로 천연 온천이 개발되었으며 병원도 설립되었다. 덕분에 미쓰시마마치의 주민은 물론 대마도 섬 전체 주민의 생활수준을 향상시키는 중심지로 발돋움하였다. 게치의 한자식 지명 표기는 일본인들의 발음과 유사한 한자어를 사용하였다.

게치는 대마도에서 이즈하라와 히타카츠에 이어 세 번째로 큰 마을로, 미쓰시마마치의 행정 중심지이기도 하다. 이즈하라와 히타카츠는 대마도를 다른 지역과 연결하는 항만 중심지로 중세 이후부터 근대에 들어 본격적으로 발달하였지만, 게치는 역사적으로 아주 오래전부터 규모가 큰 마을을 형성하였다. 신숙주가 저술한 『해동제국기』에는 '계지포(桂地浦)'로 기록되어 있으며, 포구를 중심으로 하는 마을에는 400호 이상이 거주하였다는 내용도 수록되어 있다. 즉 게치는 이미 오래전부터 대마도 내에서 인구가 밀집한 지역을 형성하고 있었던 것이다. 그 이유는 게치가 대마도의 중부에 자리하여 섬의 서쪽과 동쪽에 접근하기 쉬운 곳에 입지하였다는 지리적 속성이 작용하였기 때문일 것이다(그림 2-10).

과거 사람들의 생활 무대였던 게치는 일시적으로 정체되었다가 최근에 들어서 대마도에 거주하는 사람들에게 신흥 주거지로 주목받고 있다. 국도 제382호선과 일반 지방도 제24호선이 교차하는 지점으로, 대마도의 남쪽과 북쪽은 물론 서쪽 해안으로의 교통 여건이 양호하다. 대마도의 동쪽 해안과 접한 곳에는 만입부에 항만이 발달해 있으며, 아소우 만과 접한 서쪽 해안으로도 소규모의 포구가 있다. 게치는 쓰시마 공항과 인접한 곳에 있기 때문에 섬 내에서의 교통은 물론 일본 본토와의 교류에도 최적의 장소로 떠오르고 있다.

게치라는 지명은 과거 이 일대에 한반도에서 이주해 간 사람들이 신라

그림 2-10. 대마도의 동쪽과 서쪽에 접해 있는 게치

에 속하였던 지역의 다른 명칭이었던 계림(鷄林)을 잘 알고 지내자는 데에서 유래하였다는 설이 있다. 그러나 삼국 시대에 지금의 게치 일대를 비롯한 하대마는 계지가라(鷄知加羅)가 위치했던 지역으로, 백제인들이 거주하였던 지역에 해당한다. 게치가 오래전부터 번창한 마을이었다는 사실은 이 마을에서 발굴되는 고분을 통해서도 알 수 있다. 이 일대의 고분군은 삼국 시대인 4세기 후반의 것으로 추정된다.

게치 지구는 미쓰시마마치에서 가장 큰 주거지와 시가지를 형성하고 있어서 마을 자체가 상당히 활기를 띠고 있다. 1990년대 이후에는 게치 지구의 국도 제382호선 도로 변에 대부분의 공산품을 100엔에 저렴하게 판매하여 일본은 물론 우리나라에도 잘 알려진 '100엔 숍'을 비롯한 대형 매장이 여러 개 입지하여 대마도 상업의 새로운 중심지로 발돋움하였다.

육로로 선박을 이동시키던
고후나코시와 오후나코시

오후나코시(大船越) 지구는 아소우 만과 대마도의 동쪽 해안을 연결하는 인공 수로이다. 인공 수로가 이 지역에 건설된 이유는 앞에서 언급한 것처럼 미쓰시마마치가 대마도의 서쪽 해안과 동쪽 해안을 가장 짧은 거리로 연결할 수 있는 곳이기 때문이다. 대마도의 중앙부에 해당하므로 바다를 멀리 돌아가기 불편하고 시간이 많이 소요되어, 육로를 통해 대마도의 동서 방향으로 배를 이동시킨 것이다.

미쓰시마마치는 대마도의 한 부분이 오목하게 들어가 있어서 섬의 동서 해안을 연결하는 거리가 짧은 개미허리 같은 곳이다. 이러한 지형적 특징을 이용하여 대마도 서쪽 해안의 선박을 동쪽 해안으로 또는 동쪽 해안의 선박을 서쪽 해안으로 이동시키기 위한 인공 수로가 만들어지게 되었다. 당시 선박을 이동시키던 수로는 두 곳에 건설되었다. 하나는 소규모의 선박을 이동시키기 위해 만든 고후나코시(小船越)이고(그림 2-11), 다른 하나는 대형 선박을 위해 건설한 오후나코시이다.

고후나코시는 일찍부터 해상 교역의 요충지였다. 대마도의 동쪽 해안에서 서쪽 해안으로 뻗은 160m 정도의 지협을 통해, 배를 운반하거나 배를 갈아타는 사람들이 왕래하였다. 그러다가 동쪽의 후나코시 포구가 매립되면서 해안선이 점점 멀어지게 되었다. 당시에는 일본에 불교를 전달하기 위해 방문한 백제의 사신들도 이곳을 통과하였다. 552년에 불교를 전파하기 위해 고후나코시에 도착한 일행이 잠시 머무르면서 불상과 경전을 임시로 안치한 곳이 지금의 바이린지(梅林寺)이다. 바이린지에 안치

그림 2-11. 소형 선박을 육로로 옮기던 고후나코시

된 불상은 일본에서 가장 오래된 불상의 흔적으로 알려지고 있다. 이곳은 일본 불교에 있어서 커다란 의미를 갖는 사찰이다. 이런 사실은 불교뿐만 아니라 다른 문화가 한반도로부터 일본 열도로 전해질 때 대마도가 중계지 역할을 담당했다는 것을 시사하는 것이다.

15세기 초까지 고후나코시를 근거지로 조선과의 교역이 활발하게 이루어졌다. 1414년에는 조선의 군사들이 바이린지를 일시적으로 점령하기도 하였다. 또한 1438년부터는 조선으로 발송되는 대마도주 소씨 집안의 문서가 이곳에 자리한 사찰인 바이린지에서 발급되기 시작하였다. 조선과의 교역이 활발해지면서 국내외의 무역선이 고후나코시를 자주 드나들었지만, 1672년에 오후나코시 수로가 완성되면서 고후나코시는 쇠퇴의 길로 들어섰다. 그러나 운하의 흔적은 아직까지 남아 있다.

그림 2-12. 대형 선박이 통과하던 오후나코시

　16세기에 이르기까지 오후나코시에는 이미 마을이 형성되어 있었지만, 고후나코시에 비해 잘 알려지지는 않았었다. 그러나 오후나코시가 선박의 이동 경로로 이용되면서부터 발전하기 시작했다. 오후나코시에서 남쪽으로 수백 m만 이동하면 대마도 동쪽 해안의 쓰시마 해협에 도착하지만, 북쪽은 아소우 만 깊숙이 들어가 있어 대마도 서쪽 해안의 대한 해협까지는 약 15km를 이동해야 한다. 즉 오후나코시는 대한 해협과 쓰시마 해협을 연결하는 인공 수로 역할을 하였으며, 이 운하로 인해 대마도는 남북으로 분리되기에 이르렀다.

　지금은 이 운하를 가로지르는 오후나코시 다리가 대마도의 남과 북을 연결하는 역할을 한다(그림 2-12). 조선을 왕래하는 선박이 이곳을 통과함에 따라 밀무역을 단속하기 위하여 지나다니는 배에 대한 감시 활동도 이루어졌다. 그러나 오후나코시 운하는 수심이 깊지 않아 군함과 같은 대형 선박의 통항이 불가능하였다. 군함을 통과시키기 위해 오후나코시의 북쪽에 만제키 운하가 새롭게 개통된 것이다. 고후나코시는 운하의 형태로 만들어지지 않고 선박을 육지로 이동시켰기 때문에, 현재 대마도에서 대한 해협과 쓰시마 해협을 연결하는 오후나코시와 만제키 운하를 통해 선박이 왕래할 수 있다. 대형 선박은 만제키 운하로만 통항할 수 있다.

옛 해군과 해상자위대의 마을 다케시키

과거에 일본의 관동 지방에서 파견되어 대마도나 이키 섬 등의 요지를 3년마다 교대로 방어하던 병사를 방인(防人)이라 하였다. 한편 일본에서 가장 오래되고 훌륭한 문학으로 평가받으면서, 일본 사람들이 전 세계에 자랑하고 싶어 하는 고대의 문화유산으로 『만엽집(萬葉集)』이 있다. 『만엽집』은 일본문학의 본류라 불리는 것으로, 일본 고대의 시가집이며 방대한 양의 노래를 채록해 놓은 문학집이다. 일본에서는 다이카 개신(大化改新)이 있던 645년부터 759년까지의 기간을 만요 시대(萬葉時代)라 부르기도 하는데, 이 기간은 일본이 율령국가(律令國家)가 되어 가는 시기이기도 하다. 당시의 상황을 기록한 『만엽집』에서는 다케시키(竹敷)가 바다를 방어하던 '방인의 섬'으로 묘사되어 있다.

아소우 만에 위치한 다케시키가 일본 역사에 다시 등장한 시기는 메이지 유신 이후의 일이다. 1894년부터 1895년에 이르는 동안 청일전쟁 이후 한반도의 긴박한 정세를 주시하던 일본 해군은 선박의 신속한 이동을 위해 대마도의 지협부를 굴착하고 수로를 만드는 프로젝트를 실시하였다. 이를 위해 1896년 들어 다케시키에 해군요항부를 설치한 후 '만제키의 세토(万関の瀬戸)'라 불리는 수로를 건설하기 시작한 것이다. 세토란 좁은 해협을 의미한다. 요항은 수송이나 군사 부문에서 중요한 항구를 의미하지만, 일본 해군의 규정에 따르면 군사상 경비를 필요로 하는 항구로서 군항보다는 한 등급 아래에 해당한다. 이 운하 덕분에 일본 해군은 러일전쟁에서 쓰시마 해전이라 불리는 전투를 승리로 이끌 수 있었다. 제2차 세계대전이 종식된 이후부터 지금에 이르기까지 일본군 해상자위대의 쓰시마기지 파견대인 쓰시마 방비대(對馬防備隊)의 본부가 다케시키에 주둔하고 있다.

다케시키는 이처럼 해상 전력에서 매우 중요한 장소이다. 나아가 한반도를 비롯한 동아시아와 마주하는 전초 지점이기도 하다. 이와 같은 중요성을 지니는 곳은 본토와의 신속한 이동이 중요하다. 지금은 쓰시마 공항이 오후나코시 근처에 있지만, 본래 일본 본토와 대마도를 연결하던 쓰시마 공항은 이곳 다케시키에 있었다. 1963년에 다케시키에 쓰시마 공항이 완성되어 수륙 공항으로 활용하였으며, 1966년까지 수륙양용기가 나가사키 현의 오무라(大村) 공항 사이를 운항하였다. 그러나 일본의 도서 지역 진흥 사업 일환으로 1975년 10월에 지금의 쓰시마 공항이 개항하면서 다케시키의 쓰시마 공항은 이용되지 않고 있다.

3

성스러운 천신산이 있는 도요타마마치

　도요타마마치(豊玉町)는 상대마의 남쪽에 위치하며, 대마도 전체적으로는 섬의 중앙부에 해당한다. 아소우 만이 있는 서쪽 해안은 복잡한 해안선으로 이루어져 있어 드나듦이 심한 편이지만 동쪽 해안은 서쪽 해안에 비해 드나듦이 심하지 않다.

　마치의 서남쪽으로는 긴조 산(金藏山)과 덴구 산(天狗山)의 산줄기가 이어지면서 돌출한 곳이 아소우 만을 감싸는 모양을 취한다. 동쪽 해안에는 오로시카 만(大漁湾)이 있고 서쪽 해안에는 니이아소우 만(仁位浅茅湾)이 있다. 오로시카 만은 만의 남쪽으로 돌출해 있는 나가사키 곶(長崎鼻)에 의하여 만입부의 특징이 더욱 두드러진다. 니이아소우 만은 아소우 만에 연결되어 있는데, 이 모습은 커다란 아소우 만 안에 조그마한 만입부가 형성된 '만 안의 만'이다. 도요타마마치의 중심지 역할을 하는 니이(仁位)에서 흘러 내려온 하천이 니이아소우 만으로 유입한다.

　앞 장에서 확인한 것과 같이 대마도에서는 섬의 남북쪽에 있는 산을 천신이라 하였으며, 그 산에서 신을 모셨다는 기록이 있다. 한반도에서 이주해 간 사람은 물론 대마도에 거주하던 사람들이 중요한 성산으로 간주하였던 천신산(天神山)이 도요타마마치에 있다. 천신산의 존재는 한반도에 거주하던 사람들에게도 잘 알려졌는데, 이는 조선 시대에 제작된 지도에 천신산이 빈번하게 등장하는 것을 통해서 알 수 있다. 천신산의 위치는 니이의 서북쪽이다.

니이는 도요타마마치의 중앙부에 있는 마을로, 마치 내에서 가장 큰 중심지를 이룬다. 국도 제382호선이 니이를 지나므로 마치 내에서는 접근성이 높으나 도요타마마치에 거주하는 인구가 많지 않은 관계로 이곳의 마을들은 시골 마을처럼 한적한 느낌을 풍긴다. 상대마의 동쪽 해안으로 뻗은 지방도 제39호선이 니이의 남쪽에 있는 마을인 우라소코(浦底) 근처에서 국도 제382호선과 분기한다.

교육기관으로는 니이에 있는 나가사키 현립 도요타마 고등학교를 비롯하여 중학교 1개교와 초등학교 5개교가 있다. 주요 명소로는 아소우 만의 리아스식 해안뿐 아니라 진주 양식장 등을 한눈에 조망할 수 있는 에보시타케(烏帽子岳) 전망대가 있으며, 오랜 역사를 자랑하는 와타즈미 신사(和多都美神社), 문화의 고향(文化の郷), 도요타마 향토관 등이 있다. 인구는 1980년에 7950명이 거주하였으나 2010년의 국세조사 결과에 따르면 3746명(남자 1803명, 여자 1943명)이 거주하고 있다. 2010년의 인구규모는 2005년에 비해 12% 감소하였다.

도요타마마치 동남쪽의 시오하마(塩浜) 인근에서는 이가키(猪垣)가 잘 알려져 있다. 이가키는 에도 시대부터 전해 내려오는 것으로 야생동물, 특히 돼지가 농작물을 파헤치거나 먹어서 발생할 수 있는 피해를 예방하기 위하여 산록에 길게 담을 만들어 놓은 것이다. 일본의 농촌에서는 흔히 볼 수 있는 구조물이지만, 산이 많고 농경지가 많지 않은 대마도에서 쉽게 구경할 수 있는 시설은 아니다.

고구려에 속하였던
니이

니이(仁位)는 한자 표기 그대로 읽으면 '인위'이다. 우리나라의 역사에서 보면 대마도에 3개의 가라(加羅)가 있었는데, 그 가운데 하나가 인위가라(仁位加羅)이다. 니이 강(仁位川)의 주변에 터를 잡았던 인위가라는 과거에 고구려에 속하였다는 기록이 전해지며, 이후 명칭이 인위군으로 변경되었다. 인위군은 신숙주의 『해동제국기』에 등장하는 대마도의 8개 군 가운데 하나이기도 하다.

그림 2-13. 니이 강을 통해 대한 해협으로 연결되는 니이

아소우 만으로 흘러 나가는 하천을 이용하면 니이는 대한 해협으로의
진출이 용이한 지점을 차지하고 있다(그림 2-13). 이러한 지리적 배경으로
인위군은 조선에 토산물을 보내는 항구로 이용되었다. 『세종실록』 1년 2
월 29일에는 "대마도의 인위군주(仁位郡主) 소미쓰시게(宗滿茂)가 사람을
보내어 경상도 수군절제사에게 양곡을 꾸어 달라면서 백반 68근을 바쳤
다는 장계를 올렸기로, 백미 20석을 주게 하였다."라는 내용의 기록이 있
다. 이를 필두로 『세조실록』, 『성종실록』, 『연산군일기』 등에 인위군주가
조선에 토산물을 공납하였다는 기록이 여러 차례에 걸쳐 등장한다.

한반도와의 교역으로
성장한 가이후나

아소우 만에 접해 있는 가이후나(貝鮒)는 지명에서 알 수 있는 것처럼
바닷가와 접해 있는 마을이다. 일찍부터 이 마을은 주변 지역과의 교역을
통해 번영할 수 있었으며, 주변의 돌을 가공한 숫돌 생산이 활발하였다.
지금은 진주를 통해 마을 주민들이 생계를 이어가고 있다.

가이후나가 오래전부터 번성했음을 보여 주는 것은 이 일대에서 발견
되는 고분이다. 가이후나는 대마도의 북쪽에 자리한 상대마에서 아소우
만으로 돌출한 작은 반도처럼 생긴 곳에 자리하고 있다. 아소우 만을 향
해 돌출해 있는 부분은 가이후나사키(貝鮒崎)라고 불리는데, 그곳에서 수
심이 깊지 않은 아소우 만 일대에서 발견할 수 있는 유일한 고총식(高塚
式) 고분이 발견되었다.

고총식 고분은 지상에다 높게 흙을 쌓아 올려서 분묘 형식으로 만든 것으로, 일본에서는 4세기 이후부터 보편적으로 이용되기 시작하였다. 특히 일본 사람들은 죽은 다음 소생에 대한 열망이 있었기에 고총식 무덤을 대량으로 건설하였다고 한다. 가이후나사키의 고분은 1968년에 규슈 대학의 조사팀에 의해 발견되었다. 고분의 원형은 다소 손상되었지만 낮은 테라스에 돌을 쌓아 올린 형태를 취하며, 동서 길이는 약 9m, 남북 길이는 약 13m, 높이는 1.5m 정도의 타원형 모양이다. 고분의 중앙에는 1기의 상자식 석관이 있다. 이 유적은 아소우 만 입구 부분에서 바다를 향해 돌출해 있는 곳의 평지에 위치하고 있다. 고분이 만들어진 시기는 6세기 전반으로 추정되지만, 대마도에서 권력의 중추가 니이 부근에서 남쪽의 게치로 이전해 간 후에도 이 일대가 아소우 만에서 큰 세력을 펼쳤다는 데에는 이견이 없다.

가이후나가 세력을 키울 수 있었던 배경은 중세 시대까지 이루어진 한반도와의 교역 덕분이다. 고총식 고분이 만들어지기 시작한 지 1000년이 지난 시기에 발간된 신숙주의 『해동제국기』에는 "가이후나에는 조선국보다 더 높은 관직을 받아 훌륭한 대접을 받는 수직왜인(受職倭人)이 있다."라는 기록이 있다. 수직왜인이란 왜구의 두목이나 특수한 기술을 가진 자 또는 왜구의 토벌에 큰 공이 있는 자 등을 일컫는 용어로서, 조선 조정에서 왜인에게 부여한 관직이다. 이들은 공로나 신분에 따라 여러 계층이 있었으며, 관직에 상응하는 예우와 관복을 조선 정부로부터 하사받았다. 일본에 거주하는 수직왜인은 1년에 한 번씩 조선을 방문하였다.

이 마을에 거주하던 수직왜인은 조선으로 도항할 수 있는 통행권을 가지고 있었으며, 조선의 삼포(부산포, 염포, 제포)에 있는 일본 사람과도 교

역할 수 있었다. 또한 조선과의 사이에서 선박을 사고팔거나 사람을 사고팔 수 있었다는 기록도 전해진다. 당시 가이후나의 번창을 보여 주는 지표로 마을에 거주하던 사람들의 규모를 들 수 있는데, 사람의 수는 확인이 어렵지만 『해동제국기』에 당시 이 마을에 200여 호가 살았다는 기록이 있다. 가이후나에 중세 시대의 돌무덤이 무수히 많이 있는 것도 당시의 상황을 반영한다. 그러나 조선과의 무역이 대폭적으로 제한된 에도 시대(1703)에는 이 마을에 26가구만이 거주하였다.

제2차 세계대전 이후부터는 진주 양식으로 마을의 활기가 넘쳤다. 17세기에 들어서면서 대마도 번에서는 주변 지역과의 무역을 금지시키고 농업을 주요 업종으로 하는 산업구조를 목표로 하였다. 가이후나는 농경지가 부족하여 서쪽 건너편의 연안에 월경지(越境地)를 조성하여 경작지를 확보하였지만, 인구의 감소는 피할 수 없었다. 월경지는 행정 경계를 넘은 곳에 있는 땅을 일컫는다. 전쟁 후에 대마도의 경제를 지탱해 온 진주 양식은 가이후나 주민의 생활에도 커다란 전환점을 가져왔다.

1955년부터 시작된 진주 양식은 현금 수입을 얻을 수 있는 부문으로 많은 사람들의 환영을 받았다. 1983년 이후 진주 양식을 하는 14가구와 산란용 모패를 양식하는 4가구가 정부의 공식적인 면허를 발급받아 양식업에 종사한다. 가이후나에 거주하는 가구 수가 그리 많지 않음을 고려하면, 이 마을 주민의 대부분이 진주 양식에 종사하고 있다는 것이다. 그러나 1990년대 말부터 일본 경제의 거품이 붕괴된 후 경기 불황이 지속되면서 진주 가격이 하락하고, 바닷물의 수온 상승으로 인해 생산량이 감소하는 악재가 겹치면서 마을의 활기가 사라져 가고 있다.

월경지인 서쪽 건너편 일대에서는 숫돌을 제작하기에 가장 적합한 돌이 발견되었다. 메이지 시대에 이 마을에서 제조된 숫돌은 일본 본토의 간사이 지방(關西地方)이나 나고야 등지로 보내져 공업용으로 사용되었다. 전후에는 일시적으로 가이후나를 비롯하여 사가 등지에서도 숫돌이 제작되었지만, 지금은 가이후나에서만 숫돌이 만들어진다. 특히 고급스러운 자태를 뽐내도록 금으로 도금한 제품의 광택은 가이후나의 숫돌을 사용하지 않으면 만들어 낼 수가 없다고 한다.

4

매장 문화재의 보고인 미네마치

미네마치(峰町)는 도요타마마치의 북쪽에 접해 있는 행정구역으로, 여러 산봉우리의 중앙 부분에 커다란 마을이 있다는 데에서 지명이 유래하였다. 마치의 동쪽과 서쪽이 모두 바다에 접해 있으며, 동쪽에 비해 대한해협을 바라보는 서쪽 해안의 해안선이 복잡하다. 드나듦이 심한 서쪽 해안선에 발달한 만입부는 미네 만(三根湾)을 형성하고 있다. 마치의 이름미네는 '峰'으로 쓰이지만, 미네마치의 중심 취락인 마을의 이름을 나타낼 경우에는 미네가 '三根'로 표기되는 차이점이 있다.

미네 만의 내륙 부분에는 미네마치에서 가장 규모가 큰 마을인 미네(三根)가 자리한다. 미네마치에서 가장 큰 중심지인 미네는 동중부의 산악에서 발원하여 서남쪽으로 흐르는 미네 강(三根川)이 미네 만과 만나는 하구부분에 발달한 취락이다. 동쪽 해안은 깎아지른 듯한 절벽과 푸른 바다가선명하게 대비를 이루어 아름다운 경관을 나타내며, 사가(佐賀) 마을의 앞바다에 있는 고쇼지마(小姓島)를 배경으로 바라보는 해돋이 광경은 자연의 위대함을 잘 보여 준다. 고쇼지마에서는 야요이 시대(弥生時代) 중후반의 고분과 석관이 출토되었다.

동쪽 해안가에 있는 사가와 서부의 요시다(吉田) 등지에서 발견된 패총을 통해, 이 일대에서 신석기 시대 중기부터 사람들이 생활하였음을 확인할 수 있다. 기원전 3세기부터 서기 3세기 중반에 이르기까지 일본에서 전개된 야요이 시대의 유적이 대마도 전 지역에서 발견된다. 특히 대마도 중앙부의 미네마치와 도요타마마치에서 집중적으로 발견되는 것으로 보아 이 일대가 과거 사람들의 생활 중심지였을 것으로 추정된다.

요시다 마을 동쪽의 산에서 흐르는 하천이 마을을 통과하는데, 이 하천 주변으로는 비교적 넓은 농경지가 펼쳐진다. 이 농경지는 일찍부터 벼농사에 이용된 것으로 보이며, 농경지에서 생산된 식량을 배경으로 주변에 거주하던 많은 인구를 부양할 수 있었을 것이다. 한편 동쪽 해안의 사가는 만입부에 자리한 포구인 사가우라(佐賀浦)를 배경으로 성장한 취락이며, 오래전부터 어로 활동의 주요 근거지로 기능하였다. 사가는 지금도 대마도에서 어업 활동의 중심지이다.

일본에서는 북쪽의 홋카이도와 남쪽의 오키나와를 제외한 나머지 일본 열도의 시대 구분 가운데, 조몬 시대(繩文時代) 이후에 펼쳐진 야요이 시대가 있다. 조몬 시대에 한반도를 비롯한 동아시아와 폴리네시아로부터 이주해 온 사람들이 일본 열도 각지에 흩어져 거주하기 시작하면서 그들의 유래지에 가까운 규슈 지방에 씨족 단위의 촌락을 형성하고 대륙의 문화를 일본으로 전래하였다. 이를 통해 만들어진 일본의 문화를 야요이 문화(弥生文化)라고 한다.

야요이 시대에 처음으로 대규모 관개 시설을 이용하여 벼를 재배하는 수전 농업이 일본에 도입되었다. 또한 농작물의 재배와 잉여 식량의 축적이 가능해지면서 빈부의 차가 생겨난 동시에 계급이 분화되었고, 벼농사

그림 2-14. 한국식 동검인 세형동검

를 위한 대규모의 노동력이 필요해짐에 따라 거주 집단의 대형화가 진행
되었다. 일본에 대규모 관개 시설을 활용한 수도 경작을 전수해 준 사람
들이 한반도에서 건너간 고대 한국인이었다는 사실도 밝혀졌다.

　이와 같이 대마도는 한반도로부터 이주해 간 사람들의 영향을 많이 받
은 곳인데, 특히 미네마치에서 발견되는 유물 가운데 한반도와의 연관성
을 보여 주는 대표적인 것으로는 세형동검(細形銅劍)과 환두대도(環頭大
刀)가 있다(그림 2-14). 중국에서 발견되어 요령식 동검이라고도 불리는 비
파형동검과 달리 세형동검은 만주와 한반도에서 출토되었기 때문이다.
중국형 동검은 몸통과 칼자루가 하나로 이어져 있지만, 세형동검은 몸통
과 칼자루가 따로 만들어졌다. 즉 한국식 동검으로 불리는 세형동검이 대
마도를 거쳐 일본으로 전달되었다는 얘기이다. 환두대도는 삼국 시대에
널리 보급되었는데, 대마도에서 발견된 삼엽환두대도 역시 재질이나 형
태가 가야 지방에서 출토된 유물과 동일하다. 이는 가야의 제철 기술이
대마도로 전파되었거나, 환두대도가 완제품의 형태로 가야에서 수입된

유물임을 의미한다. 이러한 내용은 대마도의 역사와 문화가 일본의 독자적인 것이라기보다는 한반도를 통해 대륙의 문화가 전파됨에 따라 형성된 것임을 시사한다. 환두대도가 한반도에서 일본으로 전파된 것은 4~7세기의 일이다.

미네마치의 주요 명소로는 가이진 신사(海神神社), 소씨(宗家) 집안의 묘소가 있는 엔쓰지(円通寺), 서부 해안가의 기사카(木坂)에 있는 오마에하마 공원(御前浜園地), 해안선과 산비탈을 일군 계단식 밭이 어우러지는 시골 풍경을 감상할 수 있는 오우미노사토(青海の里), 모고야(藻小屋), 미네마치 역사민속자료관 등이 있다.

모고야는 농경지가 많지 않은 대마도에서 가능한 한 많은 농작물을 수확하기 위해 사용할 비료를 만들던 해안가의 조그마한 가옥이다(그림 2-15). 비료는 대마도 서쪽의 해안가에 밀려 들어오는 해초를 모고야에서 건조시켜 만들었다. 바닷가에서 건져 올린 해초를 신속하게 건조시키기 위하여 대마도 서안의 곳곳에는 돌로 벽을 올리고 지붕을 덮은 오두막을 만들었는데, 이들 대부분은 사라지고 없지만 미네마치의 기사카에 8동이 복원되었다. 대마도는 섬 전체의 89%가 삼림으로 이루어진 만큼 경작지가 지극히 부족하다. 이런 열악한 환경으로 고대에서부터 지금에 이르기까지 식량을 자급한다는 것은 꿈도 꿀 수 없었다. 부족한 식량은 이웃한 조선에서 쌀을 사들여와 부족함을 메꾸었을 정도였다. 모고야는 대마도의 척박한 땅에서 농작물의 수확량을 조금이라도 늘리고자 한 주민들의 지혜라고도 할 수 있다.

미네마치는 대륙 문화와 기타큐슈의 문화가 혼합되었던 역사를 보여주는 조몬 시대 및 야요이 시대의 많은 유적이 발굴된 매장 문화재의 보

그림 2-15. 바다의 해초를 말리던 모고야

고로 알려져 있다. 이들 유적의 출토품을 전시하고 대마도의 역사와 민속을 알기 쉽게 설명해 주는 미네마치 역사민속자료관이 마치의 중심마을인 미네 지구에 자리하고 있다.

근래의 미네마치는 대마도 내에서 가장 한적한 곳이다. 즉 인구규모가 대마도에 있는 6개의 마치 가운데 가장 작다. 1980년에는 6032명이 거주하였으나, 2010년의 국세조사에서는 2296명(남자 1098명, 여자 1198명)으로 감소하였다. 2010년의 인구규모가 2005년에 비해 10.8% 감소한 것이다. 지난 30년간의 인구 감소율이 대마도의 6개 마치 가운데 가장 높았다. 교육기관으로는 중학교 2개교와 초등학교 2개교가 있다.

야요이 시대 대마도의
중심지 미네

일본 제일의 아름다운 물줄기를 자랑하는 미네 강은 전체 길이가 6km
에 달한다. 이 하천은 다카노 산(高野山)을 본류로 하여 좁은 계곡을 굽이
굽이 흘러 미네 만으로 들어간다. 조수 간만의 차가 커서 수위의 변화가
심한 하류부는 과거에 바다였던 곳인데 간척 사업을 통해 농경지로 변화
하였다. 더불어 간척지 가운데 일부 지역은 택지로 조성하기도 하였다.
산지가 많아 '峰郡', '峰鄕', '峰村', '峰町' 등으로 명칭이 변화한 미네마치
는 대마도에서 유일하게 예로부터 지명과 지역의 특징이 제대로 연계되
는 곳이다.

미네 일대에는 야요이 시대 중기부터 후기에 걸쳐 만들어진 분묘 유적
이 많이 있는데, 이는 미네가 당시 대마도의 중심지였음을 보여 주는 지
표이기도 하다. 과거에는 지금의 논이나 주택지의 대부분이 바다였다고
간주해도 좋다. 가야노키 유적은 석관 무덤이 많이 출토되었는데, 여기에
서 출토된 물건으로 보아 석관 무덤 가운데 하나가 야요이 시대에 대마도
수장의 무덤으로 추정된다.

대마도의 서안에 자리한 미네는 오랫동안 상대마의 서해안에서 교통의
요충지였다. 미네에는 대마도 육관음(六觀音) 가운데 하나인 십일면관음
(十一面觀音)이 모셔져 있었다. 이에 에도 시대부터 메이지 시대에 이르기
까지 대마도 육관음을 참배하기 위해 대마도 주민들의 왕래가 매우 빈번
한 지역이었다. 육관음은 불교계에서 사용되는 용어로 6도의 중생을 제
도하기 위해서 나타낸 6종의 관음이다. 성관음(聖觀音), 천수관음(千手觀

音), 마두관음(馬頭觀音), 십일면관음(十一面觀音), 준제관음(准提觀音), 여의륜관음(如意輪觀音) 등이 포함된다.

또한 당시 고을의 중심지이기도 했기 때문에 일찍부터 도로망도 정비되었다. 1965년경까지는 이즈하라와 히타카츠를 하루에 한 번씩 운항하던 규슈의 여객선이 미네에 기항하면서, 미네는 해양과 내륙을 연결하는 나름의 관문 역할을 하는 동시에 대마도의 남과 북을 잇는 중계지 역할까지 수행하였다.

78년간 대마도의
본부였던 사가

고대부터 어업을 생업으로 하는 어촌이었던 사가(佐賀)는 미네마치의 동부 해안에 위치한다. 이 마을에서 조개무지가 발견된 것으로 보아 아주 오래전부터 어로 활동을 하면서 생계를 유지한 것으로 추정된다. 지금도 이 마을의 어항은 대마도 어업의 중심지 가운데 하나이다. 미네마치의 사무소가 있는 미네는 농업을 주로 하면서 가옥 간의 거리가 다소 떨어진 산촌(散村)의 형태를 보이는 데 반해, 사가는 어업이 중심을 이루는 마을로서 가옥 간의 밀집도가 대단히 높은 집촌(集村)의 특징을 보인다. 사가 마을에서 전국적으로 유명했던 것은 과거 어업의 전통을 보여 주는 붕어빵으로, 이는 규슈의 명물 100선에 선정되기도 하였다.

사가에서 볼 수 있는 조개무지는 조몬 시대 중기부터 후기에 이르는 동안 대마도 사람들의 삶을 잘 보여 주는 귀중한 역사 유산이지만, 현재는

그림 2-16. 엔쓰지에 있는 소씨 집안의 묘소

대부분 지역에 민가들이 들어섬에 따라 그 위치를 나타내 주는 표식만 남
아 있을 뿐이다. 이곳의 조개무지에서는 다양한 사냥 도구가 발견되었다.
사슴과 멧돼지의 뼈를 깎아 만든 낚싯바늘을 비롯하여 흑요석으로 만든
화살촉 등이 대표적이다. 그 가운데 특히 흥미로운 것은 사냥꾼들이 사슴
을 유인하기 위해 만든 피리이다. 사슴의 울음소리와 비슷한 소리가 나는
이 피리는 세계에서 가장 오래된 것이다. 본래 대륙에서 전해져 온 사냥
도구이지만, 한국이나 중국에서는 발견된 사례가 없다고 전해진다.

　미네마치의 동쪽 해안에서 가장 규모가 큰 마을인 사가는 중세 시대 대
마도 영주인 소씨가 7대인 소사다시게(宗貞茂)부터 이후 3대 동안에 해당
하는 기간, 즉 1408년부터 78년간 섬의 본부로 삼았던 곳이다. 당시 본부
의 위치가 어디인지는 정확하지 않지만, 이 사실은 사가에 자리한 사찰인

엔쓰지(円通寺)를 통해 확인된다. 엔쓰지에는 소씨 집안의 묘지가 조성되어 있으며(그림 2-16), 대마도 영주의 화려한 과거를 엿볼 수 있는 탑과 고려불의 본존, 조선 시대 초기의 범종 등이 보존되어 있다. 나가사키 현에서는 이들 유산을 문화재로 지정하였다. 이에 대한 내용은 다음 장에서 살펴보기로 하겠다.

5

한국이 바라다보이는 가미아가타마치

가미아가타마치(上県町)는 대마도의 서북부에 위치하며 대한 해협에 접해 있다. 해안선이 복잡하게 형성되어 있어 크고 작은 만입부가 잘 발달하였다. 복잡한 해안선이 만들어 놓은 만 가운데 대표적인 곳으로는 니타 만(仁田湾), 사고 만(佐護湾), 사스나 만(佐須奈湾) 등이 있다. 북쪽의 만입부에는 고운 모래로 이루어진 이쿠치하마 해수욕장이 잘 알려져 있다. 동쪽으로는 남북 방향으로 뻗은 산줄기 건너편에 가미쓰시마마치가 있다.

가미아가타마치와 가미쓰시마마치를 연결하는 도로는 니타에서 산줄기를 횡단하여 동쪽 해안의 오시카로 이어지는 지방도 제56호선과 북쪽의 사스나를 지나 동쪽으로 이어지는 국도 제382호선이 있다. 이들 두 도로의 중간 지대는 험준한 산악으로 이루어져 상대마의 동쪽과 서쪽을 연결하는 교통로의 발달이 미약하다. 그러나 마치의 중심지인 사스나는 국도 제382호선과 지방도 178호선이 교차하여, 남북 방향은 물론 동부의 가미쓰시마마치와의 교통도 양호한 편이다.

가미아가타마치는 동부의 산지가 남북으로 흐르기 때문에 대부분의 취락은 해안에 접한 곳에 입지하고 있다. 해안가가 아닌 취락은 사고 만으로 흐르는 사고 강(佐護川)에 접한 곳 또는 니타 만으로 흐르는 가이도코로 강(飼所川) 및 니타 강(仁田川)의 하류부에 입지하였다. 사고 만으로 흐르는 사고 강의 하류부에는 비교적 넓은 충적평야가 발달하였다. 사고 마을에서 국도 제382호선이 통과하는 주변 지역으로는 넓은 밭이 조성되어 있고, 하류의 사고 만 근처에는 대마도에서 가장 넓은 논이 하천 변에 자리하고 있다.

주요 명소 가운데 '외국이 보이는 언덕(異国の見える丘)'에는 우리나라를 바라다볼 수 있는 전망대가 설치되어 있다. 이 전망대에서는 청명한 날이 되면 밤에는 물론 낮에도 우리나라의 부산 해안가를 바라볼 수 있다. 그리고 해발 480m에 이르는 미타케 산(御岳)에는 조류 번식지와 이들

그림 2-17. 일본 영토의 서북쪽 끝 지점

조류를 관찰할 수 있는 장소가 설치되어 있다. 해안가에는 대마도에서만 서식하는 쓰시마야마네코를 보호하기 위해 설치된 쓰시마 야생생물 보호 센터가 있고, 근처에는 일본 영토의 서북쪽 끝 지점에 해당하는 곳에 사오자키 공원(棹崎公園)이 조성되어 있다(그림 2-17). 사고 만에는 신라의 사신이었던 박제상을 기리는 시비가 설치되어 있기도 하다.

가미아가타마치는 남쪽에 접한 미네마치와 함께 대마도 내에서 가장 활력이 부족한 지역이다. 이는 지난 30년간의 인구감소를 통해서도 확인이 가능한데, 1980년에는 8547명이 거주하였으나 2010년에는 3505명(남자 1696명, 여자 1809명)으로 감소하였다. 2010년의 인구는 1980년 인구 대비 59% 감소하였으며, 2005년에 비해 14.3% 감소한 것이다. 최근의 인구 감소 경향이 대마도의 6개 마치 가운데 가장 두드러진다. 교육기관으로는 2000년까지만 해도 중학교 5개교와 초등학교 5개교가 있었지만, 출산율이 낮아지고 학령 인구가 감소함에 따라 중학교 2개교와 초등학교 2개교가 폐교되어 지금은 중학교와 초등학교가 각각 3개교씩만 남아 있다.

조선과의 무역을 위한 개항장이었던 사스나

가미아가타마치에서 가장 큰 중심지는 서북쪽에 있는 사스나(佐須奈)이다. 지명 가운데 '나'는 포구의 의미를 가지고, '사스'는 모래로 이루어진 벌이라는 뜻이다. 즉 모래펄로 이루어진 포구라는 의미인데, 시간이 흐르면서 바다가 토사에 묻혀 벌이 되었고 그 자리에 마을이 들어섰다는 데에서 지명이 유래하였다.

사스나 만의 입구에서 약 1.5km 떨어진 지점에 있으며, 그 안쪽으로는 예부터 크게 번성하였던 천연 항구가 있다. 만 안쪽으로는 크고 작은 여울과 같은 곳이 있어서 배의 항해에 약간의 방해 요소로 작용하기는 하지만 배가 드나들기에는 큰 무리가 없다. 항구 기능을 가지고 있는 사스나는 오래전부터 우리나라의 부산과 가장 가까운 곳이어서 중요한 지역으로 여겨졌다. 대한 해협을 지나는 선박을 표적으로 삼은 해적들의 거점으로도 안성맞춤인 곳이 바로 사스나이다. 대마도 영주였던 소씨가 조선과의 무역을 위한 개항장으로 지정하기도 하였다.

1672년에는 대마도의 서쪽 대한 해협과 동쪽을 연결하는 오후나코시에 운하가 완성되면서 대마도의 동부 해안에서 오후나코시를 거쳐 한반도로 이동하는 배를 관리하기 위하여 한반도에서 가장 가까운 사스나에 나름의 관리소를 설치하였다. 그 이전까지 운영되던 가미쓰시마마치 북부의 와니우라(鰐浦)에 있던 관리소가 겨울에는 제 기능을 다하지 못하였지만, 사스나는 그렇지 않았다. 이에 따라 사스나가 조선과 왕래하는 선박을 관리하는 주요 관리소로 성장하게 되었다. 당시 밀무역은 대마도의 재정을 위태롭게 할 수 있는 중대 사안이었기 때문에, 무기를 수출하거나 조선의 인삼을 수입하는 것에 대해 엄격한 관리를 하였으며 이를 위반하는 자는 최고 사형에 처하기도 하였다. 그만큼 사스나 관리소가 중요한 지위를 차지함에 따라 사스나의 북쪽에 있는 도오미 산(遠見山)에 감시 초소를 설치하여 대한 해협을 항해하는 선박들이 사스나 관리소를 파괴하는지 감시하도록 하였다.

1471년에 간행된 『해동제국기』에는 당시 사스나에 400여 호가 거주하였다는 기록이 있는데, 이곳에 관리소가 설치되고 27년이 지난 1699년의 상황을 조사한 일본의 기록에는 90호가 살았다고 기록되어 있다. 『해동제국기』에 '사수나포(沙愁那浦)'로 기록되어 있는 것으로 보아 동일한 발음이 나는 한자어로 지명을 표기한 것으로 추측된다. 사스나에서는 일찍부터 바닷물의 염도를 높인 뒤 끓여서 소금을 만드는 자염업(煮鹽業)이 발달하였다. 소금은 조선의 쌀과 물물교환을 성사시킬 수 있는 중요한 자원이었으며, 가난한 어민들에게는 주요한 수출품이었다. 그러나 관리소가 설치되면서부터 자염업을 할 수 없게 되었고, 그로 인해 인구가 크게 감소한 것으로 보인다. 특히 관리소가 설치되고 난 후 사스나 주민의 절반가량은 사냥꾼이 되었다는 기록도 있으며, 이들 사냥꾼이 사슴과 멧돼지를 포획함에 따라 대마도에서 멧돼지가 사라져 버렸다는 이야기도 전한다.

홍수가 빈번했던 세타와 가시타키

세타(瀨田)와 가시타키(樫滝)를 중심으로 하는 니타 지구는 대마도 하천에서 유로 길이 제1위와 제2위를 자랑하는 가이도코로 강(飼所川)과 니타 강(仁田川)의 합류 지점을 중심으로 넓게 퍼져 있다. 니타 지구의 실질적인 중심지를 이루는 마을은 가시타키이다. 가시타키에는 니타 우체국을 비롯하여 니타 초등학교, 니타 중학교 등의 교육기관이 입지하고 있다. 급류와 함께 유량이 많은 두 하천이 합류하게 되면, 이들 마을을 포함하는 니타 지구에서 피할 수 없는 것이 하천의 범람이었다.

폭우와 함께 하천의 범람이 반복되면서 산지에서 흘러 내려간 흙이 쌓여 평지가 서서히 넓어지게 되었다. 세타 부근에는 야요이 시대의 유적이 많을 뿐만 아니라 니타에 설치된 관음당에는 대마도 육관음의 하나인 성관음이 있었다. 즉 세타는 고대, 중세, 근세를 거치면서 크게 번창했던 마을이었지만, 마을 사람들은 매년 발생하는 하천의 범람을 어떻게 받아들일 것인가를 결정해야 할 정도로 홍수가 빈번한 지역이었다.

세타와 가시타키에 거주하던 사람들은 매년 반복되는 홍수 피해를 최소화하기 위하여 굽이굽이 곡류하는 하천의 직선화 사업을 진행하기도 했으며, 고에노사카(越ノ坂) 운하의 굴착 공사를 실시하기도 하였다. 이와 함께 하천 주변의 습지를 논으로 만들고자 했지만 모두 실패하고 말았다. 사실 고에노사카 운하는 하천의 유량을 통제하는 치수를 목적으로 만들어진 것이 아니라 동부의 산지에서 벌목된 목재의 운반을 위해 설치된 것이었다. 계속되는 홍수 피해를 막기 위해 1979년에 가이도코로 강의 상류에 니타 댐이 건설되었고, 2001년에는 니타 강 상류에도 댐이 완성되었다. 동시에 고에노사카 운하의 확장 공사를 실시하여 수천 년 동안 지속된 홍수에 종지부를 찍고자 하는 노력이 이어지고 있다.

6

대마도의 북쪽 끝 가미쓰시마마치

　가미쓰시마마치(上對馬町)는 대마도의 동북부 해안에 자리한 곳으로, 대마도의 북쪽 끝지점이 이곳에 있다. 마치의 서부는 가미아가타마치와 산지로 접해 있지만, 동부는 복잡한 해안선과 함께 바다에 닿아 있다. 남쪽의 이즈하라에서 시작되는 국도 제382호선이 히타카츠까지 연결되고, 동쪽의 해안가를 따라서는 지방도 제39호선이 통과한다. 히타카츠의 동쪽 지역은 지방도 제181호선을 통해 연결되고, 북쪽 지역은 지방도 제182호선이 해안가를 따라 순환하여 오우라에서 국도 제382호선과 만난다. 해안가의 만입부에는 항구나 포구를 만들기 유리한 지형적 조건을 가지고 있어 일찍부터 해안가를 중심으로 취락이 형성되었다.

　해안가에는 니시도마리 만(西泊湾), 슈지 만(舟志湾) 등을 비롯하여 크고 작은 만입부가 잘 형성되어 있다. 이러한 지리적 요소는 일찍부터 가미쓰시마마치의 군사적 중요성을 부각시키는 요인으로 작용하였다. 이 일대는 러시아 함대를 격파시키기 위해 일본군이 잠복해 있던 곳이 있는가 하면, 1934년에는 당시 세계 최대라 할 만한 거포의 진지인 도요포대(豊砲台)도 이 지역의 요새지에 건설되었다(그림 2-18).

그림 2-18. 대한 해협을 향해 있는 도요포대

　제2차 세계대전 당시 우리나라의 동해에 접한 일본 서부의 도시가 함포
사격의 피해를 입지 않았던 이유가 대마도의 요새에 설치된 강력한 화포
의 위협 때문이었으며, 이로 인해 적국의 함대가 쓰시마 해협은 물론 대
한 해협이나 동해에 진입하지 못하였다고 한다. 일본에서는 1887년부터
청일전쟁 및 러일전쟁을 치르면서 대마도 중서부의 아소우 만 일대와 북
부의 해안가에 여러 개의 포대를 설치한 바 있다.

　가미쓰시마마치에 자리한 주요 명소로는 일본 해변의 100선 가운데 하
나로 아름다운 해수욕장을 간직하고 있는 미우다(三宇田) 해수욕장을 비
롯하여 니시도마리 해수욕장, 대한 해협 건너 부산이 바라다보이는 한국
전망대(그림 2-19), 백제에서 전해 간 것으로 수령이 1500년을 넘는 일본에
서 가장 오래된 긴의 은행나무(琴の大銀杏), 슈시 강의 단풍길, 이팝나무

그림 2-19. 한국전망대에서 바라본 부산의 야경

자생지 등이 있다.

가미쓰시마마치는 30여 년 전만 하더라도 이즈하라마치의 뒤를 이어 미쓰시마마치와 함께 대마도에서 나름대로 활력이 넘치는 지역이었다. 그러나 섬의 북쪽 끝에 자리하고 있는 지리적 특성으로, 일본 본토는 물론 대마도의 중심지인 이즈하라와의 접근성이 양호하지 못하여 점점 과소지역으로 변모해 가는 모습을 보인다. 이는 지역 내에 거주하고 있는 인구규모의 변화를 통해 확인이 가능하다. 1980년에는 1만 743명이 거주하였으나, 2010년에는 4335명(남자 2090명, 여자 2245명)으로 감소하였다. 2010년의 인구는 1980년 인구 대비 59.7%가 감소하였으며 2005년에 비해서는 11.9% 감소하였다. 지난 30년간의 인구감소 경향은 미네마치에 이어 두 번째로 두드러졌다. 교육기관으로는 나가사키 현립 가미쓰시마 고등학교를 비롯하여 중학교 1개교와 초등학교 3개교가 있다. 학생 수가 지속적으로 감소하면서 2011년에 중학교 2개교가 폐교되었다.

한반도 교역의 중심지이자 어업의 전진기지였던 니시도마리

히타카츠보다 이른 시기에 대마도의 북부 해안에서 항만 또는 교역의 중심지로 성장한 곳은 니시도마리(西泊)였다. 지명에서 알 수 있는 것처럼, 니시도마리는 일본 본토에서 출발한 선박이 조선으로 향할 때에 서풍을 타고 가면 도착하는 기항지였으며, 때로는 항해하던 선박이 바람을 기다리며 이곳 항구에 정박하였다고 한다. 이로부터 서풍을 타고 와서 숙박하는 곳이라는 의미에서 지금의 지명이 유래하였다. 서풍을 타고 선박이 이 마을에 도착함에 따라 왕래하는 사람들의 발길이 증가하였으며, 니시도마리는 그 혜택을 받아 오래전부터 성장하였다.

니시도마리의 지명이 처음으로 등장하는 문헌은 『해동제국기』에 포함된 대마도 항목이다. 물론 여기에서는 '西泊'이라는 일본식 지명 표기로 기록하지 않고, '니신도마리포(尼神都麻里浦)'라는 한국식 지명으로 기록하였다. 『해동제국기』에 따르면 이곳 니신도마리포에는 100호 정도가 살았다고 기록되어 있다.

여기서 우리는 지명의 변화에 주목할 필요가 있다. 고래로 우리나라에서는 풍수사상이 도입되기 이전부터 살기 좋은 땅을 고르고 정하는 방법으로 두모사상을 이용하였다. 두모사상이란 밥그릇처럼 움푹 파이고 주

변이 산지로 둘러싸인 지형에 취락을 입지시키는 방법이다. 두모사상을 적용한 취락의 명칭은 두모에서 변형된 두무, 두미, 두마, 도미, 도마 등이 다양하게 사용되었다. 니시도마리포라는 지명 표기는 한반도는 물론 일본과 동아시아에 넓게 사용되었던 두모사상의 영향을 반영하는 것이다. 그러나 일본 본토에서는 두모계 지명이 대체로 '즈모(ずも)' 계열로 변형되었음을 고려하면, 대마도에 있는 마을의 이름이 한국식의 지명 표기를 빌린 것인지 또는 신숙주가 일본인들의 발음을 한국식 표기 방법에 따라 음이 일치하는 한자어로 나타낸 것인지는 확인해 볼 필요가 있다.

　당시 니시도마리의 주민들은 사스나 주민들처럼 자염을 만들어 팔아 생계를 유지하였으며, 이에 따라 소금을 만들기 위해 가마에 불을 지피면서 소금 생산과 직접적인 연관이 없는 인부들도 많이 거주하였다. 옛날부터 교역을 통해 마을이 성장하면서 대마도 번주는 선박을 매매하거나 소금을 매매할 수 있는 일종의 면허증을 발급하기도 하였다. 메이지유신 이후에는 니시도마리가 어업의 기지로 발전하였고, 1907년부터 현대적 포경기지로 성장하였으며 태평양전쟁 이후에는 오징어잡이가 활기를 띠었다. 그러나 1908년에 니시도마리보다 안쪽에 자리한 히타카츠에 어업과 관련한 사무소가 점차 들어서면서, 히타카츠가 모든 활동의 중심지로 성장하게 되었고 기존의 중심지였던 니시도마리는 발달이 멈추었다.

때마도 북부의 항구
히타카츠

　가미쓰시마마치의 중심지는 부산과의 정기 여객선이 운항하는 항구인
히타카츠(比田勝)이다(그림 2-20). 히타카츠 항은 아소우 만에 버금가는 드
나듦을 가진 해안선에 형성된 항구로, 지형 여건이 양호한 니시도마리 만
의 내부에 건설되었다. 수심이 20m 내외로 항구를 만들기에 유리한 조건
을 지니고 있지만, 메이지 시대 이전까지는 개발이 거의 이루어지지 않았
다. 지방 항만에 속하며 항측법의 적용을 받는 동시에 외국인 우리나라의
부산에서 진입하는 선박을 통한 전염병의 병원체가 침입하는 것을 방지
하도록 검역 항구로도 지정되어 있다.

그림 2-20. 대마도 북부의 중심 항구 히타카츠

히타카츠를 중심으로 항구가 건설되고 취락이 집중하게 된 시기는 대략 1907년 전후이다. 이 일대에 노르웨이식 포경기지가 건설된 후 대한 해협에서 고래를 잡기 위한 중요한 기지로 발전한 것이다. 태평양전쟁이 발발하기 이전까지 히타카츠 항은 크게 번창하였다. 그 이유는 부산항과 시모노세키 항을 운행하던 연락선인 부관 페리가 대한 해협을 오가면서 이 항구가 기항지로 역할을 하였고, 대마도 연안 각지를 연결하는 항로에서 중요한 결절점으로 기능하였기 때문이다. 근래에는 상업 항구 및 어업 항구로서 대마도 북부의 중추적인 기능을 수행하고 있다. 또한 부산항과의 정기 여객선을 비롯하여 후쿠오카 시의 하카타 항까지 여객선이 운항하면서 중요성은 더욱 증대되었다.

히타카츠 항이 바라보이는 언덕에 오르면 후루사토(古里) 마을이 있는데, 여기에서도 고분이 발견된 바 있다. 이 고분은 일본의 고분 시대 이전에 속하는 매우 오래된 가야식 고분으로 일본학계의 주목을 받았다. 공교롭게도 이 고분을 발견한 사람이 재일교포인 한국 소년이었다고 하니 핏줄로 이어진 인연이었을까?

대마도주와 인연이 깊은 도요

대마도의 북단에 위치한 도요(豊)는 한국과의 통행에 유리한 자리이며, 일찍부터 해상의 호족들이 점거하고 있던 마을이다. 지명에 사용된 한자인 '豊'을 일본 본토에 있는 다른 지방과 연관시켜 생각해 볼 필요가 있다.

즉 혼슈 남서부에서 동해에 접해 있는 야마구치 현 도요우라 군(豊浦郡) 또는 한때 '풍요의 나라'로 불리기도 하였던 기타큐슈 등지와 연관시켜 생각하면, 도요 마을은 고대에 한반도, 기타큐슈, 혼슈 서쪽 지방에 둘러싸인 삼각의 해역에서 활동한 호족의 거점이라는 설이 설득력을 가진다. 도요 마을 앞에 펼쳐진 만의 동쪽 해안에서는 야요이 시대부터 고분 시대까지에 걸친 석관묘의 흔적이 발견되었다. 야요이 시대의 토기는 물론 우리나라 김해 지방에서 사용되었던 토기가 같이 출토된 점도 당시 한반도와 규슈 지방 사이에서 해상 호족들이 활약했을 것이라는 사실을 뒷받침해 준다.

도요 마을은 대마도에서 농경지를 가지고 있는 몇 안 되는 마을 가운데 하나이다. 따라서 농촌으로서의 색채도 지니고 있는데, 이들 농경지는 대부분 에도 시대 후기 들어 간척 사업을 통해 조성된 것이다. 오래전 이 마을에 거주했던 사람들은 농사지을 땅이 없기 때문에 생활을 영위할 부를 바다에 가서 획득하였다. 해상 교역이 마을의 기반을 확립시켜 준 주인공이다.

무로마치 시대(室町時代)인 1440년경에 대마도에 도요사키 군(豊崎郡)이 설치되었고, 도요 마을이 군의 중심지가 되었다. 도요사키 군은 신숙주가 간행한 『해동제국기』에 '도이사지군(都伊沙只郡)'이라고도 부른다는 기록이 있다. 초대 군주는 제8대 대마도주였던 소사다모리(宗貞盛)의 동생 소모리쿠니(宗盛国)이었다. 한편 대마도의 제10대 도주는 소모리쿠니의 아들인 소사다쿠니(宗貞国)가 맡았다. 소사다쿠니는 1484년에 78년간 지속된 대마도의 본부인 사가를 떠나 지금의 이즈하라로 중심지를 이전하였다.

도요 마을은 『해동제국기』에 '도우로포(道于老浦)'라는 이름으로 등장하며 가옥은 40여 호라고 기록되어 있다. 물론 이 수치가 정확한 것은 아니지만 당시 도요 마을은 대마도에서 규모가 그리 크지 않은 마을이었음을 보여 준다. 16세기 후반에는 51호, 1717년에는 66가구로 도요 마을에 거주하는 가구 수는 나름 증가 추세를 보였지만, 1746년에는 43호로 크게 감소하였다. 이와 같이 가구 수가 급격히 감소한 이유는 대마도 정부의 제약 때문이라는 의견이 지배적이다.

당시 조선과의 교역이 활발해지면서 대마도주는 밀무역을 금지시켰다. 밀무역을 하는 사람을 잠상(潛商)이라 불렀는데, 잠상짓을 하다가 발각되면 그 잠상은 사형에 처하거나 노비형을 받아 신분이 크게 낮아졌다. 이 때문에 도요 마을에서는 잠상이 감소하기 시작하였는데, 당시 14호에 40여 명이 사라졌다. 또한 식량 부족 문제는 인구증가를 자연스럽게 억제하였다. 기근에 허덕이던 주민들은 대마도 밖으로 나가서 거주할 수도 없는 상황이었다. 1706년부터는 다른 나라에서 이주해 온 사람들을 하나둘씩 본국으로 돌려보냈으나, 그럼에도 불구하고 본국으로 돌아가지 않는 외국인이 있었다. 결국 잠상이나 외국인의 이주에 대한 단속이 이전에 비해 더욱 심해지게 되었고, 도요 마을을 빠져나가는 도망자도 급증하게 되었다. 이러한 일련의 과정이 도요 마을의 인구를 감소하게 만든 원인일 것이다.

제3장

한반도와 밀접한 관계의 대마도

한반도의 역사가 새겨진 흔적

고대

(1) 일본 왕의 스승, 왕인 박사 현창비

한국전망대에서 남쪽으로 이동하면 작은 포구가 나오는데 이 마을의 이름은 와니우라(鰐浦)이다. 와니우라는 지명에서 보듯 포구 앞쪽에 악어 이빨처럼 날카로운 암초들이 즐비하다. 포구 앞쪽에 동서 방향으로 길쭉하게 형성된 섬이 천연의 방파제 구실을 하며 이 마을을 보호하고 있다. 그러나 폭풍이 몰아치면 이 일대를 지나는 선박들이 암초에 부딪혀 재난을 당하기도 하였는데, 조선 역관사들이 탄 배도 이곳에서 난파되었다.

와니우라 해변에는 백제국 왕인 박사 현창비(百濟國王仁博士顯彰碑)가 있다(그림 3-1). 왕인 박사는 4세기 때 백제에서 일본에 학문을 전해 준 인물이다. 일본에서 백제에 학자를 보내 줄 것을 요청하자, 왕인이 천자문 1권과 논어 10권 등의 유학 서적을 일본으로 가져가 학문을 전해 주었다. 그러나 왕인이 일본으로 학문을 전달해 준 시기에 대해서는 5세기 초라는 설이 있고, 6세기경으로 보는 견해도 있다. 왕인 박사의 이동 경로는

그림 3-1. 백제국 왕인 박사 현창비

백제에서 출발하여 거제도와 대마도를 거쳐 규슈 지방에 이르렀을 것으로 추정된다.

일본에서는 각종 기록과 이야기를 통해 왕인이 경서(經書)에 능통하였기에 왕과 신하들에게 유교 경전과 역사를 가르친 것으로 알려져 있다. 또한 그의 자손들은 대대로 관청에서 기록하거나 문서를 다루는 일을 맡았다고 한다. 그리하여 왕인 박사는 일본의 고대 문화 발전에 큰 기여를 한 사람으로 인정받았고, 일본에서는 그 공로를 높이 기렸다. 왕인 박사의 묘지는 오사카에 있으며, 1938년 5월에 오사카 부의 사적 제13호로 지정되었다. 한 나라 왕의 스승이었던 왕인 박사의 공을 기리기 위해 와니우라에 현창비가 세워진 것이다.

와니우라는 왕인 박사가 일본으로 갈 때의 경유지였다. 이는 이 마을의 자연과 지명을 통해 확인이 가능하다. 왕인은 일본에서 '와니'로 불렸다.

와니라는 호칭은 왕인을 높이 받들어 '왕님'이라 불렀던 것에서 유래한 호칭이다. 우리나라 남해의 해류는 대마도의 북서부로 흐르기 때문에 왕인 박사 일행이 와니우라 포구에 도착하게 된 것이다. 이런 이유로 와니 항이라는 이름이 생겼다는 것은 국내외 학자가 이미 고증한 내용이다. 이렇게 보면, 백제국 왕인 박사 현창비는 대마도에 남아 있는 한일 교류의 흔적 가운데 시간상 가장 첫 번째를 보여 주는 것이라 할 수 있다. 이처럼 대마도는 과거에 일본으로 향하는 우리나라 사람들에게 문물 전파의 가교 역할을 하던 중요한 땅이었다.

와니우라 마을에는 흰 꽃이 핀 나무가 많은데, 이 나무가 대마도를 상징하는 이팝나무이다(그림 3–2). 이팝나무는 한반도에서 전해져 간 나무로, 일본 본토에는 없고 대마도에만 서식하고 있다. 우리나라에서 이밥나무

그림 3–2. 한반도에서 전해져 간 이팝나무

라 불렸는데, 이 말이 변하여 이팝나무가 되었다. 이팝나무꽃이 활짝 피는 5월 초순이 되면 와니우라에서는 이팝나무 축제가 열린다.

(2) 신라 국사 박제상 순국비

박제상(363~419)은 신라 눌지왕 때의 충신으로 가장 대표적인 사람이자 일본에서 장렬하게 산화한 한민족 애국애족의 상징이다. 이름이 박제상으로 알려져 있지만, 『삼국유사』에서는 김제상으로 기록이 남아 있다. 고구려와 일본에 건너가 볼모로 잡혀 있던 왕제들을 고국으로 탈출시켰으나, 본인은 일본군에게 잡혀 유배되었다가 결국 살해당하였다. 『삼국사기』와 『삼국유사』에 기록된 내용이 다소 상이하기는 하지만, 고구려와 일본에 잡혀간 왕의 동생들을 구출해 낸 것과 일본 군사들에 의해 처형된 것은 공통적인 내용이다.

왕으로부터 아우들을 구해 오라는 명령을 받은 박제상은 고구려에 사신으로 가서 장수왕에게 예를 갖추고 뛰어난 언변술로 장수왕을 설득하는 데 성공하여 왕의 동생을 구출하였다. 일본에 가서는 고국인 신라를 배신하고 온 사람처럼 속인 다음 눌지왕의 아우 미사흔(未斯欣)을 신라로 도망치도록 도왔다. 일본의 왕은 박제상을 목도(木島)로 유배 보냈다가 얼마 지나지 않아 사람을 시켜 장작불로 온몸을 태워 문드러지게 한 뒤 목을 베었다. 눌지왕은 이 소식을 듣고 애통해하며 그의 가족들에게 후하게 상을 내렸으며, 동생 미사흔에게 박제상의 둘째 딸을 데려다가 아내로 삼게 함으로써 은혜에 보답하였다. 목도는 우리나라의 고지도에 오륙도와 대마도의 사이에 있는 섬으로 묘사되어 있으며, 나무섬이라고도 불리는 무인도이다.

박제상이 유배되기 전에 일본 왕은 그에게 제안을 하였다고 한다. 진심으로 일본 왕의 신하가 되면 그에게 큰 상을 주겠다는 것이었다. 그러나 박제상은 "계림(신라)의 개나 돼지가 될지언정 왜국의 신하는 될 수 없고, 계림의 형벌을 받을지언정 왜국의 벼슬과 상은 받지 않겠다."라고 말하였고, 결국 처형된 것으로 기록되어 있다. 박제상의 아내는 남편을 기다리다가 치술령에서 망부석이 되었다. 치술령은 고개를 의미하는 '嶺'자가 붙어 있지만 해발 765m의 산으로 울산광역시와 경상북도 경주시의 경계를 이룬다. 치술령 정상의 남쪽에 음각으로 새겨진 망부석이 있으며, 울산광역시 울주군에는 충렬공 박제상 기념관이 있다.

박제상의 이와 같은 충절을 되새기기 위하여, 1988년 8월에 일본의 향토사가와 우리나라의 역사학자들은 박제상이 순국한 것으로 알려진 대마도 사고(佐護)에 자리한 미나토(湊) 마을의 서해수문(鉏海水門)에 순국비를 건립하였다(그림 3-3). 순국비는 『일본서기』에 근거하여 가미아가타마치에 건립되었지만, 실제 박제상이 순국한 장소에 대해서는 의견이 통일되지 않았다. 한편 비문에 새겨진 글 가운데 "모마리질지(毛麻利叱智)"는 박제상을 일컫는 말로, 일본의 문헌에서도 볼 수 있다. '모마리'는 '마리'가 한국어의 머리에서 유래된 말이므로 못둑의 우두머리라는 의미가 된다.

(3) 백제인이 쌓은 가네다 성

서기 663년 백제 부흥군을 지원하려고 온 일본군은 백촌강(白村江) 전투에서 전멸하였다. 그러자 일본은 665년 대마도를 비롯한 이키 섬과 규슈 지방의 해안에 변방 수비대인 방인(防人)을 파견하였다. 백제에 거주하던 일부 세력은 한반도에서 이동하여 667년 대마도에 도착하였다. 백촌강(백마강으로 추정) 전투에서 신라와 당나라의 연합군에 패배하여 나라를 빼앗긴 백제 유민과 일본군은 신라의 공격을 방어하기 위하여 667년 11월 대마도에 산성을 구축하였는데 이게 바로 가네다 성(金田城)이다. 가네다 성은 한국식 산성이며, 일본에서 가장 오래된 산성으로 알려져 있다. 대마도 중부 미쓰시마마치의 아소우 만 남쪽 연안에 돌출한 273m의 조야마 산(城山)에 위치한다. 천연의 요새에 가네다 성이 완성됨으로써 대마도는 신라군의 공격에 대비할 수 있는 최전방의 방어선이 되었다.

조야마 산의 정상부에 있는 가네다 성은 산의 주위를 둘러싼 돌담처럼 만들어진 성이다(그림 3-4). 성벽의 높이는 높은 곳이 6~8m에 달하며, 성의 둘레는 2.8km이다. 고구려 시대에 건설된 국내성의 성곽도 높은 곳이 6m 내외인 것을 고려하면, 가네다 성의 높이는 꽤 높은 것으로 볼 수

그림 3-4. 백제인이 건설한 가네다 성

있다. 지금으로부터 약 1500여 년 전에 축성된 가네다 성은 원래의 모습을 비교적 잘 간직하고 있다. 산성이 발굴되기 전에는 성 위에 나무가 뿌리를 내리면서 울창한 숲 속에 가려져 있었다. 산의 동남쪽 기슭은 비교적 완만한 사면으로 되어 있고, 바다로 통하는 3개의 계곡에는 아직도 성벽의 흔적이 고스란히 남아 있다. 성에는 성곽의 내외부를 연결하는 성문을 비롯하여 물이 빠져나갈 수 있도록 설치한 수문도 있었을 것으로 추정된다.

가네다 성의 규모를 고려하면 당시에 상당히 많은 규모의 백제 사람들이 대마도로 이주해 왔을 것으로 짐작할 수 있다. 백제에서 대마도로 건너온 사람들은 일본 열도로 진입하여 점진적으로 주거 공간을 일본 동쪽으로 확장해 나갔다. 이렇게 해서 대마도는 일찍부터 한반도의 문물이 일본에 전해질 수 있는 다리 역할을 하게 된 것이다. 백제를 떠나온 유민들은 일본 본토에 진입해서도 신라군의 침략에 대비하기 위하여 가네다 성과 같은 목적으로 산성을 3곳에 더 건축하였다고 전해진다. 가네다 성을 조사한 일본 고고학회의 보고에 따르면, 산성의 축성 형식은 평양에 건설된 고구려의 대성산성(大城山城), 부여에 건설된 백제의 부소산성(扶蘇山城), 경주에 건설된 신라의 명활산성(明活山城)과 매우 유사하다.

가네다 성은 1962년에 나가사키 현의 사적으로 지정되었고, 1982년 3월에는 일본의 특별사적으로 지정되었다. 나가사키 현 내에서는 최초로 국가에서 지정한 특별사적이다.

(4) 바다의 신을 모신 와타즈미 신사

일본에는 전국 방방곡곡에 신사(神社)가 설치되어 있다. 신사는 우리나라의 서낭당처럼 각 지방의 신이나 조상신들을 모시고 제사를 지내는 곳이다. 대마도에는 모두 29개의 신사가 있다. 대마도 신사의 공통점은 모든 신사의 입구에 설치된 도리이(鳥居)가 한반도를 향하고 있다는 것으로, 이것이 일본 본토에 있는 신사와의 차이점이다. 도리이는 이승과 저승을 연결하는 문으로 인식되고 있다. 이렇게 본다면 한반도에서 건너간 우리 민족이 대마도에 신사를 세웠다는 설, 즉 대마도에 처음 정착한 우리 민족이 조상신을 섬기기 위해 이처럼 한반도를 향하도록 만들었다는 설이 설득력을 지닌다.

와타즈미 신사(和多都美神社)에는 도리이가 5개 설치되어 있는데, 이들 5개는 일직선으로 배치되어 바다와 신사를 연결한다(그림 3-5). 일설에 의하면 5개의 도리이는 5가지의 탐욕을 가리킨다고 한다. 와타즈미 신사는

그림 3-5. 와타즈미 신사와 입구의 도리이

바다의 신을 모시는 신사이며 '와타'는 우리말의 바다에서 비롯된 말로, 일본의 옛말에서도 바다를 '와타'라고 하였다. 지금 대마도에서는 '와타'를 바다의 후미진 곳이라는 의미로 사용한다.

일본의 건국 신화와도 관련이 있는 것으로 전해지는 이 신사는 과거 바다의 신이라 알려진 도요타마히코노미코토(豊玉彦尊)의 이야기를 토대로 한다. 이름 가운데 '존(尊)'은 신이나 귀인의 이름에 붙이는 높임말이며, '명(命)'이라는 글자를 붙이기도 하였다. 와타즈미 신사는 히코호호데미노미코토(彦火火出見尊)와 도요타마히메노미코토(豊玉姫命)를 기리는 해궁으로서 바다신을 모시는 신사 중에서 가장 유서 깊은 곳이며 용궁설이 전해지는 곳이기도 하다. 도요타마히메는 1남 2녀를 두었던 도요타마히코노미코토의 딸이다. 아들은 호타카미노고토(穗高見尊)이고, 또 하나의 딸은 다마요리히메(玉依姫命)이다.

태양의 신인 아마데라스(天照大神)의 아들과 다카미우스비(高皇靈尊)의 딸이 결혼하여 니니기노미고토(瓊瓊杵尊)를 낳았다. 『일본서기』에 따르면 태양의 신 아마데라스가 천손강림(天孫降臨)할 때에 손자인 니니기노미고토에게 "나의 혼이 담긴 것"이라며 3개의 보물을 전달했고 태양신의 후손인 천황은 이를 보물로 삼았다고 전한다. 니니기노미고토에게는 첫째 아들인 우미사치(海幸産)와 둘째 아들인 야마사치(山幸産)가 있었는데, 이 둘 사이에는 갈등이 있었다. 이름 그대로 형은 바다에서 고기를 잡으며, 동생은 산에서 사냥을 하면서 각각 생업을 유지하였다.

야마사치는 바다에서 고기를 잡아 보고 싶어서 형에게 "서로 각자의 도구를 바꾸어 사용해 보자."라는 제안을 하였다. 형의 낚싯바늘을 빌려 바다에 나갔지만 아무것도 잡지 못하고 낚싯바늘을 잃어버리고 말았다. 형우미사치는 동생에게 낚싯바늘을 돌려 달라고 종용하였다.

곤경에 처한 동생이 바닷가에 나가 슬퍼하고 있는데, 어느 노인(시오츠라의 신)이 다가와서 묻기에 사정을 이야기했다. 노인은 배를 만들어 용궁으로 가는 법을 알려 주었고, 동생은 형의 낚싯바늘을 찾기 위해 용궁에 몰래 들어가 계수나무에 올라가 있었다. 그곳에서 도요타마히메를 만나게 되었고, 동생은 그 미모에 반했으며 도요타마히메 공주도 동생을 좋아하게 되었다.

도요타마히메는 해신의 딸로, 야마사치는 해신의 사위로, 용궁에서 3년을 보내면서 용왕으로부터 낚싯바늘을 돌려받았다. 도요토미히메와 함께 고향으로 돌아와 형에게 낚싯바늘을 돌려주고 풍요로운 삶을 살았다고 한다. 한편 용궁에 있는 동안 아이를 임신했던 도요타마히메가 출산을 위해 해변으로 와서 무사히 사내아이를 낳았지만, 출산을 엿보지 말라는 금기사항을 남편인 야마사치가 어겼기 때문에 도요타마히메는 낳은 아이를 두고 용궁으로 돌아가 버렸다. 도요타마는 바다신의 영험력과 야마사치가 지닌 산신으로서의 능력을 매개하는 역할을 부여받았다. 또한 그런 역할로 부와 권력, 자손 번영을 보증한다는 성격을 지닌 성모신임과 동시에 복을 불러 출세를 약속하는 여신으로 각인되었다. 1955년에 일본에서 마을들의 통합이 이루어질 때 와타즈미 신사의 해신인 도요타마히메의 이름을 따서 새로운 명칭으로 도요타마마치가 생겨났다.

이때 버려진 아이는 우가야후기야에즈(鸕鶿草葺不合尊) 신이고, 그는 이모인 다마요리히메와 결혼하였다. 둘은 결혼 후 4명의 아들을 낳았는데 3명의 아들은 전하지 않고 막내인 진무천황(神武天皇)이 일본을 건국한 초대 천황이다(그림 3–6).

그림 3-6. 진무천황

경내는 만조 때 신전 근처까지 바닷물이 가득 차오르는데, 그 모습은 용궁을 연상시킨다. 또한 본전 뒤쪽으로는 바위 두 개가 있는데, 이 두 개의 바위는 부부바위라고 불린다. 해안가에 있는 아름다운 신사임에도 한글로 된 낙서가 많은 것이 일본 정부의 걱정거리이기도 하다.

중세

(1) 조선통신사를 맞이하던 고려문

고려문으로 가는 길은 성벽을 따라 올라가야 한다. 이즈하라에는 두 개의 성이 건축되었는데, 외성의 역할을 한 것이 시미즈 산성(淸水山城)이고, 내성의 역할을 한 것이 가네이시 성(金石城)이다. 고려문은 임진왜란과 정유재란이 발생한 1592년부터 1598년 사이에 만들어진 가네이시 성 안에 있던 대마도주의 거처인 사지키바라(棧原)의 정문이었다. 4개의 기둥을 배경으로 3칸을 구성하고 있는 고려문은 1678년에 완성된 성곽의 제3의 문으로 만들어졌으나, 조선통신사를 환영하기 위하여 새로 건설되었다(그림 3-7).

에도 시대에 일본을 방문하는 조선통신사 행렬이 대마도에 들렀다 갈 때에 이들을 맞이하면서, 문의 명칭도 본래는 영은문(迎恩門)이었던 것을 고려문으로 바꾸어 부르기 시작하였다. 조선통신사들이 이 문을 통과하였기 때문에 조선통신사 맞이문으로도 불렀다. 본래의 문은 1987년의 태풍으로 인해 훼손되었고, 1989년에 복원된 것이 지금의 모습으로 남아 있다.

고려문으로 들어가면 오른쪽에 '성신지교린(誠信之交隣)'이라 쓰인 아메노모리 호슈(雨森芳洲, 1668~1755) 현창비가 있다. '성신지교린'이란 아메노모리가 1728년에 쓴 "교린제성(交隣提醒, 이웃 나라와의 교제에서 잊어버린 것을 깨닫는다)의 핵심으로 나라와 나라 사이의 교역은 성실과 신뢰를 바탕으로 서로 대등한 관계에서 시작해야 한다."라는 의미이다. 이는 곧 조선통신사를 통해 조선과 일본이 교류하면서 만들어진 일종의 양국 교류의 의제였던 셈이다. 이를 가장 잘 실천한 사람이 아메노모리였고, 그 때문에 아메노모리 호슈 현창비라는 부제가 붙었다.

대마도에서 외교 담당 문관으로 활동했던 아메노모리는 당시 조선의 선비들이 천시했던 한글에도 많은 관심을 보이면서 익혔던 사람으로, 조선 후기에 조선과 일본의 관계를 우호적으로 이끄는 데 지대한 공을 세웠

그림 3-7. 조선의 통신사를 맞이하던 고려문

다. 고려문의 왼쪽에 있는 다른 비석은 우리나라에서 건립한 조선통신사의 비이다.

(2) 최초의 통신사 이예 공적비

조선통신사는 조선이 일본의 에도 바쿠후(江戶幕府)에 파견한 대규모 사절단을 가리킨다. 정확한 명칭은 통신사이고, 일본인 입장에서 부르는 명칭이 조선통신사이다. 일본에 파견된 통신사는 고려 시대에도 존재하였던 것으로 보이나 임진왜란 이전까지는 통신사라는 명칭을 사용하지 않았고 회례사(回禮使), 보빙사(報聘使), 경차관(敬差官) 등의 명칭을 사용하였다.

임진왜란과 정유재란이 끝난 뒤 조선은 일본과의 외교 관계를 끊었지만, 도요토미의 뒤를 이은 에도 바쿠후는 도쿠가와 이에야스(德川家康)를 통해 조선과의 국교 재개를 요청하였다. 이에 따라 조선은 1607년부터 1811년에 이르기까지 12회에 걸쳐 일본에 통신사를 파견하였으며, 250여 년간 두 나라 사이에는 평화가 유지되었다. 통신사 일행은 창덕궁에서 발대식을 거행한 후 부산의 영가대에서 안전을 기원하고 출항하였다. 선박을 이용하여 대마도 북부에 도착한 후, 육로를 통해 후추(府中, 지금의 이즈하라)까지 이동하였다. 대마도에서 후쿠오카를 지나 오사카까지는 배를 타고 이동한 후 오사카에서는 육로를 이용하였다.

이예(李藝, 1373~1445)는 조선 초기의 무신이자 외교관이었다. 본관은 학성 이씨(鶴城), 아호는 학파(鶴坡), 시호는 충숙(忠肅)이며, 학성 이씨의 시조로 알려져 있다. 그는 중인 계급에 속하는 아전으로 관리 생활을 시작하였다. 조선 초기의 통신사를 거론할 때 등장하는 인물이 바로 이예이다. 그는 조선 초기에 파견되었던 최초의 조선통신사로, 1401년(태종 1)에 처음으로 보빙사로 이키 섬에 파견되었다. 그 이전인 1400년에는 어린 시절 잡혀간 어머니를 찾고자 본인이 간청하여 회례사 윤명(尹銘)의 수행원으로 대마도를 방문하기도 하였으나 어머니를 찾지는 못하였다.

1406년 회례관(回禮官)으로 파견되어, 납치되었던 남녀 70여 명을 데리고 돌아왔다. 1416년 1월 27일에는 왜에 의해 포로가 되었다가 류큐국(지금의 오키나와)으로 팔려간 백성을 데려오기 위해 파견되어, 류큐국에서 44명을 데리고 같은 해 7월 23일 귀국하였다. 1443년(세종 25)에 왜적이 변방에 도적질하여 사람과 물건을 약탈해 갔으며 조선 조정에서는 사람을 보내어 잡혀간 사람을 찾아오려 하였다. 이때 이예가 자청하여 대마도 체찰사(對馬島體察使)로 파견되었다. 이것이 그의 마지막 사행(使行)이었

그림 3-8. 통신사 이예 공적비

다. 28세이던 1400년에서 71세 되던 1443년까지 44년간 40여 회에 걸쳐 일본에 사절로 파견되었던 셈이다. 그중『조선왕조실록』의 기록을 통해 사행의 내용을 확인할 수 있는 구체적인 것만 해도 13회에 달한다.『조선왕조실록』에는 이예가 44년간 구해 온 조선인 포로의 수가 667명이라고 기록되어 있다. 그러나 어릴 적에 납치당한 어머니와는 끝내 만나지 못하였다.

이예는 조선인 포로 구출 및 고려대장경의 전달, 조선과 일본 사이의 문화교류 등에 기여하였지만, 대마도 입장에서 이예가 세운 최대의 공적은 대마도와 조선의 교류와 교역 조건을 규정한 계해약조(1443, 세종 25) 체결에 큰 공헌을 한 것이다. 이 조약이 체결됨으로써 왜구가 잠잠해지고 대마도에 평화로운 시대가 찾아올 수 있었다. 이러한 공적을 기리기 위하여 제7대 대마도주가 사망하자 조위사로 방문하여 부의를 올리고 제사를 지냈던 엔쓰지(円通寺)에 2005년 11월 '통신사 이예 공적비(通信使李藝功績碑)'를 설립하였다(그림 3-8).

1910년에는 조선의 마지막 임금인 순종으로부터 충숙공(忠肅公)이라는 시호를 받았으며, 2005년 2월에는 문화관광부에서 이달의 문화인물로 선정하였고 2010년에는 외교통상부에서 올해의 외교인물로 선정하였다. 2013년 6월에는 한일 합작 다큐멘타리 영화 '이예'가 도쿄 시내의 극장에서 개봉되었다.

(3) 대마도의 관청이었던 엔쓰지

엔쓰지는 대마도 동쪽 해안가 사가(佐賀)에 있는 사찰이다. 사가는 1397년경부터 소사다시게(宗貞茂)에서 소사다모리(宗貞盛), 소시게토모(宗茂職)로 이어지는 3대의 대마도주가 이 지역에 정착한 이후 많은 무사와 상인들이 몰려들어 무로마치 시대(室町時代)에 대마도 통치의 중심지로 번창한 곳이다. 엔쓰지는 1408년 7대 번주(藩主)인 소사다시게가 지은 저택으로 10대 도주인 소사다쿠니(宗貞国)가 이즈하라로 저택을 옮길 때까지 78년간 대마도 통치를 위한 관청으로 사용되었다. 이 기간을 사가 시대(佐賀時代)라 부르기도 한다. 제8대 번주인 소사다모리의 법호가 원통공이었기 때문에 이 사찰의 명칭을 한자로 원통사라 부르게 되었다고 전해진다(그림 3-9).

'보리사'는 한 집안의 장례를 지내고 조상의 위패를 모시는 개인 소유의 사찰을 의미한다. 본래의 보리사는 엔쓰지 동쪽에 있었지만 1871년에 본존불과 소사다모리의 위패를 이 사찰로 옮겨 오면서 소사다모리의 보리

그림 3-9. 엔쓰지

사가 되었다. 절 뒤편에는 나가사키 현에서 사적으로 지정한 대마도주 소씨 집안의 묘지가 있고, 앞쪽에는 조선의 통신사 이예 공적비가 설치되어 있다. 이 사찰은 고려의 약사불과 범종으로도 유명하다. 엔쓰지는 역사적 사실을 잘 알지 못한다면 쉽사리 지나칠 정도로 작은 규모이다. 범종은 사찰 앞마당의 좌측에 걸려 있다.

사찰의 입구에는 '조동종 원통사(曹洞宗 圓通寺)'라고 새겨진 석물이 있다. 조동종은 우리나라를 비롯한 일본과 중국에 전파된 불교 종파이다. 일본의 조동종은 1227년에 송나라에 들어간 도겐(道元, 1200~1253)이 중국 조동종의 가르침을 받아 1229년에 일본으로 전파한 것으로, 일본의 불교계에서는 최대 종파를 형성하고 있다.

엔쓰지 동조약사여래좌상(銅造藥師如來坐像)

약사여래는 중생을 병이나 재난에서 구해 주는 부처로 왼손에는 약병을 들고 오른손으로는 시무외(施無畏, 중생을 보호하여 두려움을 없애는 일)의 인(印, 불상이 손가락 끝으로 나타내는 여러 가지 표상)을 맺고 있는 것이 보통이다. 엔쓰지의 동조약사여래좌상 역시 왼손에는 약병을 얹어 무릎 앞에 내밀고 있으며 오른손은 가슴 앞에서 엄지와 중지를 모으고 가부좌로 앉아 있는 모양을 하고 있다. 적당한 크기의 둥그스름한 소용돌이 모양의 머리를 하고 있으며 옷은 목 부분이 크게 벌어져 가슴 밑까지 파여 복부 윗부분에 아래옷과 그것을 묶던 허리띠가 보인다. 전체적으로 옷의 주름은 간소하게 정리되어 있으며 옅은 붉은색을 띠는 도금도 잘 남아 있어 거의 손상이 없는 상태이다. 신라 불상을 이어받아 고려 시대 후반에 제작된 것으로 간주되며 이러한 종류의 약사여래상은 일본에서 대마도, 이키 섬, 규슈 북부 지방 등지에서만 볼 수 있다. 우리나라에서도 약사불상은 그 수가 적고 보존 상태가 매우 양호하여 가치가 높이 평가된다. 나가사키 현에서 지정한 유형 문화재이다. 사찰의 본전 내부 중앙에 안치되어 있으며, 좌우에는 일본의 불상이 고개를 약간 숙인 채로 놓여 있다.

엔쓰지 조선 범종

조선 시대 초기의 작품으로 추정된다. 전체적인 형태는 중국 범종의 영향을 받은 듯하지만, 한국 범종의 특징인 종유 9개를 보유하고 있다(그림 3-10). 종의 아래 부분에는 파도 무늬와 팔괘가 보인다. 전체적인 장식은 조선 범종의 의장으로 디자인되어 있다. 대마도 도주가 사가에 머무르면서 엔쓰지를 창건할 당시, 조선에서 선물로 받았거나 조선에 요청한 것으로 추정된다. 범종의 높이는 110cm이고, 직경은 70cm이다.

(4) 일본에서 가장 오래된 사찰 바이린지

백제의 성명왕 때인 538년에 불상과 경전을 가지고 온 사절이 일본으로의 항해 도중 고후나코시에 기항하면서 가건물을 지어 불상과 경전을 임시로 안치하였고, 그 후 절을 건립한 것이 이 사찰의 기원이라고 한다. 일본 최고(最古)의 절로 알려져 있는데, 절의 정확한 명칭은 알려져 있지 않으나 1441~1444년 사이에 지금의 이름인 바이린지(梅林寺)로 불리게 됐다고 전해진다(그림 3-11). 이 사찰은 중세에 들어서도 조선과 일본 사이의 가교 역할을 담당하였다.

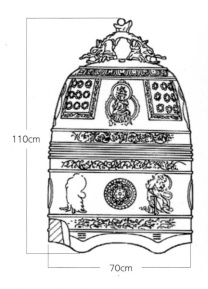

그림 3-10. 엔쓰지의 조선 범종

그림 3-11. 고후나코시 입구의 바이린지

　1443년 계해약조가 맺어진 후, 조선으로 도항하는 자는 대마도주 소씨의 도항 허가증을 받도록 하였다. 당시에 고후나코시의 길목에서 조선으로의 도항 허가증을 발급해 준 곳이 이곳 바이린지이다. 1436년(세종 18) 대마도가 조선에 예속된 후 대마도주였던 소사다모리는 조선에 굴복하여 조정으로부터 정식으로 관직을 받았다. 그는 조선을 괴롭히는 왜구의 준동을 막고 일본에서 조선으로 도항하는 모든 선박에 대하여 조사하는 등의 임무를 수행하였다. 이 과정에서 대한 해협을 건너 조선으로 항해할 수 있도록 문인(文引, 도항 허가증)을 발행하며 증명서 발행료(세금, 일종의 수수료)를 받았다. 이 증명을 가진 선박은 정식 무역선으로 인정하여 조선의 삼포에서 상거래를 할 수 있었다.

　조선의 불교가 일본 본토로 전래되는 통과 지점이었고 조선과 일본 사이의 교역에 필요한 비자 발급 업무를 떠맡게 된 것도 그동안 조선과 바이린지 간의 관계가 매우 강하였던 것을 보여 주는 지표이다. 다만 이와 같은 역사적 사실을 보여 주는 주요 흔적을 사찰에서는 발견할 수 없다는 아쉬움이 있다. 이 사찰에는 고려대반야경, 고려탄생불 등이 본당 옆의 조그마한 창고에 보관되어 있는데, 2014년 11월에는 우리나라의 승려 일행이 이곳에 보관되어 있던 부처 탄생불을 훔친 혐의로 일본 경찰의 조사를 받기도 하였다. 쓰시마 시 지정 문화재 제51호로 지정된 이 부처 탄생불은 높이 약 11cm의 것으로, 통일신라 시대인 9세기에 제작된 것으로 추정된다. 불상은 부처가 태어난 직후 일곱 걸음을 걸은 뒤 '천상천하 유아독존'을 외치는 모습을 잘 표현한 것으로 평가된다.

(5) 조선국 역관사의 순난비

대마도 최북단의 한국전망대가 있는 언덕에 도착하면 바로 옆에 '조선국역관사순난지비(朝鮮國譯官使殉難之碑)'라는 커다란 비문이 세워져 있다. 1703년 음력 2월 5일 쾌청한 아침 부산항을 출항한 배 3척이 있었다. 이 선단은 정사 한천석(韓天錫), 부사 박세양(朴世亮)을 비롯한 108명의 역관사(통역관) 일행이 탄 사선(使船), 대마도의 책임자 야마가와사쿠에모(山川作左衛門)가 방문을 위해 보내 준 자신의 배, 그리고 예인선으로 구성되었다.

배에 탑승한 사람들은 한양을 비롯한 전국 각지에서 선발된 사절들로서, 정·부사와 상관 28명, 중관 54명, 하관 24명으로 구성되었다. 이들은 제3대 대마도주의 죽음을 애도하고 제5대 대마도주의 세습을 축하해 주기 위한 국제 외교 사절단이었다.

그림 3-12. 조선국 역관사 순난비

　출항 당시에는 날씨가 좋아서 순풍을 타고 항해하고 있었다. 그러던 것이 오후에 와니우라에 도착하기 전 급변한 악천후로 인해 3척의 배가 모두 좌초되었으며, 구조 작업에도 불구하고 선박에 탑승했던 전원이 바다에서 목숨을 잃었다. 도착지가 바로 눈앞에 보이는 와니우라 앞바다에서 108명의 역관사 일행과 대마도에서 파견된 무사(엄밀히는 藩士) 4명을 포함하여 112명 전원이 사망하는 비참한 해난 사고가 발생한 것이다.

　일본에서는 에도 시대의 강력한 쇄국 정책 속에서 유일하게 외교 관계를 유지한 나라가 조선이었다. 많은 장벽을 극복해 나가면서 두 나라 사이의 믿음으로 외교가 이루어진 것이다. 일본어 통역관을 정사로 하는 역관사 일행은 조선통신사와는 별도로 100명 정도의 규모로 구성되어 대마도에 파견된 사람들로, 에도 시대에 50회 이상 일본에 파견되었다. 이들은 대마도의 경조사 또는 조선과 일본 사이에 외교의 실무 협상이 필요한 경우 대마도를 방문하여 당시 한일 선린 외교의 실질적인 중계자 역할을 담당하였다.

배의 조난 사고가 발생한지 380여 년 뒤인 1991년 3월 20일 한일건립위원회가 외국의 바다에서 생을 마감한 역관사들의 영혼을 위로하기 위해 조난 현장이 내려다보이는 언덕에 추모비를 세웠다(그림 3-12). 사고로 숨진 사람이 모두 112명인데, 이들의 명단은 명확하게 알려지지 않았다. 이들의 넋을 기리기 위하여 112개의 영석(靈石)을 이용하여 비를 건립하였다.

(6) 조선통신사의 비

조선통신사의 비는 고려문을 통과해서 들어가면 만날 수 있다. 대마도에서는 임진왜란 이후 조선과의 국교 회복을 위해 전력을 다하였고, 그 결과 1607년부터 1811년에 이르기까지 12회에 걸쳐 조선의 통신사 사절

그림 3-13. 조선통신사 행렬도 | 대영박물관 소장

이 일본을 방문하였다. 조선통신사 일행은 한번에 400~500명 정도의 인원이 이동하였다(그림 3-13). 이들은 일본인들에게 대륙의 선진 문물을 전파하였으며, 바쿠후(幕府)의 장군직 계승 등을 축하하기 위한 사절단의 임무에서 점진적으로 국서 교환 등의 임무를 수행하기도 하였다.

조선통신사와 대마도는 아주 밀접한 관계에 있었다. 두 차례에 걸쳐 조선을 초토화시켰던 도요토미 히데요시가 죽은 다음 해에, 대마도주는 조선에 사신을 보내 조선과의 국교를 정상화하고자 요청하였다. 이에 조선에서는 사신을 파견해 일본의 정세를 정찰하였으며, 당시 파견되었던 사신인 사명대사 유정(惟政)은 대마도로 향하였다. 당시 대마도주였던 소요시토시(宗義智)는 유정을 설득하여 교토까지 데리고 갔는데, 소요시토시가 국교 재개에 적극적이었던 이유는 대마도의 자연환경이 열악하여 농경지가 부족한 관계로 농작물이 없어 자급자족이 어려웠기 때문이다. 조선은 대마도주인 소씨 집안에 1000년 가까이 한반도를 괴롭혀 온 왜구를 단속해 줄 것을 요청하는 대신 무역 독점권을 주었다. 두 번의 왜란으로 국교가 단절되자 대마도는 생사의 기로에 서게 되었기 때문에 조선과의 국교 재개가 절실했던 것이다.

두 나라의 사이가 조금씩 개선되면서 1607년부터 조선에서는 일본에 통신사를 파견하기에 이르렀다. 처음 세 번(1607, 1617, 1624)은 쇄환사(刷還使)로 파견되어 일본으로 끌려간 조선인 포로를 귀국시키는 일을 하였다. 쇄환사는 임진왜란 당시 일본에 잡혀간 수만 명의 조선 민간인을 송환하는 것이 주 임무였으며, 일본 정국을 탐색하는 것 또한 빼놓을 수 없는 중요한 임무였다. 세 차례에 걸쳐 쇄환사가 데려온 조선인은 약 2000명에 불과하였다. 일본인들이 포로를 감추어 놓은 데에다 시간이 지나

그림 3-14. 조선통신사의 비

면서 일본에 정착한 조선인이 많았기 때문이다. 쇄환사는 네 번째 방문인 1636년부터 조선통신사로 이름을 변경하였다. 조선통신사라는 표현을 사용하면서부터 선린 우호의 모습을 제대로 보여 준 셈이다. 통신사의 방문으로 이루어진 우호 관계를 21세기 한일 관계의 지향점으로 삼고자 1992년에 이 비를 통신사의 기착지였던 대마도에 세웠다(그림 3-14).

근현대

(1) 쓰시마 해협 조난자 추도비

이 추도비는 일본에서 세운 것이기에 쓰시마 해협이라는 문구가 들어가 있으나, 실제로는 대한 해협이 맞다. 대한 해협을 사이에 두고 대마도

그림 3-15. 쓰시마 해협 조난자 추도비

는 한반도와 마주하고 있기 때문에, 바다에서의 안전을 기원한 대마도 사람들은 한반도의 사람들과 해협을 공유하는 친구 같은 존재였다. 불행한 일을 당하여 한반도 쪽으로부터 바다로 떠밀려 오는 친구들의 영혼을 위로하기 위하여 미네마치의 바닷가에 추도비를 건립하였다(그림 3-15).

사방이 바다로 둘러싸인 대마도는 예전부터 해난 사고가 자주 발생하였다. 본래 대마도에서는 한반도의 표류민을 송환하는 것을 주요 임무로 삼았지만, 한반도의 표류민 가운데에는 불행하게도 시신이 되어 대마도 해안에 도착한 경우가 많았다. 우리나라에서 어선을 타고 조업을 하거나 배를 타고 이동하던 중 해상에서 사고가 발생하면 10여 일 후에 그 시신이 대마도 해변에 도착한다. 대한 해협을 흐르는 해류가 동쪽으로 흐르기 때문이다. 대마도에서는 이 시신들을 거두어 장례를 치러 주었고, 1992년 11월에 이들을 추모하는 비를 세운 것이다.

(2) 덕혜 옹주 결혼 봉축 기념비

덕혜 옹주는 고종 황제와 후궁인 복녕당(福寧堂) 양귀인(梁貴人) 사이에서 태어난 마지막 딸이다. 고종에게는 4명의 딸이 있었지만 모두 태어난지 1년이 되기 전에 사망하였기 때문에 외동딸이었던 덕혜 옹주에 대한 사랑이 지극하였다고 한다. 그러나 덕혜 옹주는 서녀(庶女)였다는 이유로 일본 총독부에 의해 왕족으로 인정받지 못하다가 14살이 되던 해에 일본으로 강제적인 유학을 떠나게 되었다.

덕혜 옹주는 일본의 국익을 위하여 대마도의 영주인 소타케유키(宗武志) 백작과 1931년 5월에 강제로 결혼을 하게 되었다. 대마도에 이들의 결혼 기념비가 있어서 대마도에서 결혼 생활을 한 것으로 오해할 수도 있지만, 이들 부부는 대마도에서 생활하지 않았고 도쿄에서 살았다. 단지

그림 3-16. 덕혜 옹주 결혼 봉축 기념비

소타케유키 백작이 대마도 영주이기 때문에 대마도에 결혼 기념비가 세워진 것이다.

두 사람 사이에는 딸 정혜(正惠)가 있었다. 덕혜 옹주의 외동딸이었던 정혜는 1956년에 결혼하였지만 결혼 이후의 생활이 순탄치 못하여 3개월 뒤 유서를 남기고 일본의 남알프스 산악 지대에서 실종되었다. 덕혜 옹주는 이미 1955년에 결혼 생활을 지속하기 어렵게 되면서 이혼하였다. 딸의 자살과 타국에서의 낯선 생활 등으로 덕혜 옹주의 삶은 순조롭지 못하였다. 이에 덕혜 옹주는 고국으로 돌아오고자 하였으나 대한민국이 해방되고서도 바로 돌아올 수 없었고, 1962년이 되어서야 겨우 귀국할 수 있었다. 이후 1989년에 창덕궁 낙선재에서 별세하였다.

덕혜 옹주 결혼 봉축 기념비는 두 사람의 결혼을 축하하는 뜻에서 이즈하라 시내의 가네이시 성터에 건립되었으나 두 사람이 1955년에 이혼하자 사람들이 이 기념비를 뽑아 내동댕이쳐 버렸다. 그렇게 거의 방치되었던 기념비는 1999년 이후 대마도와 부산 사이에 직항로가 개통되고 한국인 관광객이 몰려들자 2001년 11월에 지금의 자리에 다시 복원되었다(그림 3-16). 우리 역사에서 가슴 아픈 사연이 아닐 수 없는 기념비이다.

(3) 우리의 역사 유물이 보관된 가이진 신사

가이진 신사(海神神社)는 중세에서 근세에 이르는 동안 이즈하라의 시모쓰하치만구(下津八幡宮) 신사에 대비해 가미쓰하치만구(上津八幡宮) 신사로 불리었으며, 대마도 제일(第一)의 신사로 칭해지기도 하였다. 일본 정부에서 직접 관리하는 신사를 관사(官社)라고 하는데, 가이진 신사는 1871년 5월 관사의 여러 등급 중 하나인 국폐중사(國幣中社)로 지정되어

그림 3-17. 대마도 제일의 신사인 가이진 신사

변함없이 그 자리를 지키고 있다(그림 3-17). 국폐중사는 관폐사 다음가는
서열의 신사에 해당한다. 바다의 수호신 도요타마히메노미코토(豊玉姬
命)를 숭배하는 신사이다. 신사의 뒷산은 1974년에 기사카 야생조류의 숲
(木坂野鳥の森)으로 지정되어 주변에 서식하는 조류의 관찰이 가능하다.

  신사 입구의 거대한 도리이를 지나 높은 돌계단을 오르면 대마도 제일
의 거대한 본전을 볼 수 있다. 신사에는 통일신라 초기의 것과, 고려 시
대에서 조선 시대에 걸친 시기에 제작된 것으로 보이는 청자 10여 점이
남아 있다. 그리고 보물관에는 국가 지정 중요 문화재인 통일신라 시대
'동조여래입상'을 비롯하여(그림 3-18), 한반도와 중국으로부터 유입되어
온 동검, 거울, 토기 등이 다수 보존되어 있다. 이곳에 있는 불상은 원래
우리나라의 문화재였는데 일제 강점기에 일본으로 반출된 것으로 추정
된다.

2012년 10월에 우리나라의 관광객 4명은 이곳에 있던 동조여래입상을 몰래 훔쳐 국내로 들여와 판매하려다 문화재청과 경찰청에 적발되었다. 이에 이 불상을 다시 일본에 돌려주어야 하느냐의 문제를 놓고 국내에서도 의견이 분분하였다. 일본은 불상이 한국에 반입된 것을 알고 반환을 요구하였다. 그러나 국내에서는 원래 우리 문화재였던 것을 일본이 약탈해 갔을 가능성이 농후하기 때문에 굳이 돌려주지 않아도 된다는 주장이 있었다. 우리나라의 법원에서는 2013년 2월 일본이 불상을 정당하게 취득한 사실이 소송으로 확정되기 전까지는 일본에 반환을 금지한다는 가처분 결정을 내리기도 하였다.

높이 38cm인 동조여래입상은 통일신라 시대인 8세기경 한반도 신라에서 만들어진 것으로 알려져 있다. 이 불상은 대마도와 한반도가 고대부터 교류가 있었음을 보여 주는 중요한 유물이라는 점을 인정받아 1974년 일본의 국보로 지정되었으며, 당시의 감정가가 1억 엔으로 책정된 바 있다. 1995년에도 한 차례 도난을 당하였지만, 곧바로 범인이 체포되어 불상은 고스란히 신사에 돌아올 수 있었다. 이 불상은 원래 충청남도 서산시의 부석사에 안치되어 있었으나, 임진왜란 당시에 약탈해 간 것으로 알려져 있다.

(4) 쓰시마 역사민속자료관

이즈하라에 위치한 시설로서, 나가사키 현에서 설립한 박물관이다. 입구에는 조선통신사를 맞이하던 문으로 알려진 고려문이 세워져 있다. 쓰시마 역사민속자료관(對馬歷史民俗資料館)은 고대부터 현대에 이르기까지 대마도의 역사와 민속을 한눈에 알 수 있도록 자료를 전시해 놓은 곳이다. 조선통신사 행렬도와 부산에 설치되었던 초량왜관도 등의 다양한 유물은 물론 대마도에서만 서식하는 쓰시마야마네코, 쓰시마 사슴, 물수리 등 천연기념물의 박제가 보관되어 있다. 또한 대마도 포경어업의 기록을 고스란히 그림으로 간직하고 있어 과거 대마도에 살던 사람들의 생활상을 엿볼 수 있다. 민속자료관 일대에는 조선통신사 비, 고려문, 성신지교린 비 등이 있다.

대마도는 일본이 한반도를 중심으로 한 대륙 문화를 도입하는 요충지로 기능하였다. 따라서 쓰시마 역사민속자료관에는 대마도의 역사적 문화유산과 각종 민속자료, 한반도에서 전래된 융기문(隆起文), 무문(無文) 토기도 등을 비롯하여 우리나라와 관련된 문서들과 대마도의 민속자료도 함께 전시되어 있다. 쓰시마 역사민속자료관의 한글판 안내문에는 일본인이 그린 조선통신사 행렬 그림이 가장 비중 있게 소개되어 있다.

(5) 대마도 제일의 축제인 쓰시마아리랑축제

쓰시마아리랑축제는 에도 시대 때 약 200년간 12회에 걸쳐 대마도에서 에도까지 이동한 조선통신사 행렬을 재현한 대마도 최대 규모의 축제이다. 매년 8월 첫째 주 토요일과 일요일에 실시된다.

한국과 일본의 전통 공연 및 무용 공연을 포함한 무대행사, 어린이 가마 행렬, 노젓기 대회, 불꽃놀이 등의 다양한 행사로 꾸며진다. 그중에서도 역사적 사실에 대한 고증을 통해 약 400명의 인원이 참여하는 조선통신사 행렬 재현이 이 축제에서 가장 중요한 행사이다. 대마도는 조선통신사가 일본 영토에 첫발을 내디딘 땅이기 때문에 조선통신사 행렬에 많은 관심을 가지고 있다. 조선통신사 행렬 재현 행사에서는 조선 시대 옷차림을 한 현지 주민들과 한국인들이 거리를 행진한다.

처음부터 아리랑축제라는 명칭이 사용된 것은 아니다. 쓰시마 시에서는 1964년부터 민간단체와 함께 '이즈하라항축제'를 개최하였다. 1980년부터는 대마도에서 거리가 가까운 우리나라의 관광객을 유치하고 한일 간 우호 관계 증진을 목적으로 조선통신사가 대마도를 거쳐 에도까지 갔던 행렬을 재현하는 행사를 실시하였다(그림 3-19). 1988년부터는 본래의 축제 이름에 '아리랑축제'를 추가하였다. 축제의 흥행에 가장 중요한 역할을 한 사람은 우리나라 관광객이었다. 대마도 상인회와 이즈하라항축제 준비위원회에서 주관하여 모든 행사를 준비한다.

그러나 일본 의원과 각료들의 야스쿠니 신사 참배 문제로 한일 관계가 경색된 가운데, '한국 절도단이 대마도에서 훔쳐 간 통일신라 시대 불상을 한국 정부가 반환하지 않는다.'라는 이유로 쓰시마 시정부와 민간단체의 반한 감정이 극에 달하였다. 이 때문에 1980년부터 매년 실시해 오던

그림 3-19. 쓰시마아리랑축제의 조선통신사 행렬 재현

조선통신사 행렬 재현 행사가 2013년에는 열리지 않았고, 축제 이름에서
한국을 상징하는 '아리랑'이라는 표현도 삭제되었다. 다행히 2014년에는
조선통신사 행렬을 재현하기로 하였지만 태풍으로 인해 불발되었다. 그
러나 여전히 축제 이름에서는 '아리랑'이 지워졌으며, 이즈하라 시내에서
'한국인 출입금지'라는 간판을 내건 선술집도 쉽게 볼 수 있게 되었다.

2

대마도의 역사지리

역사 속의
대마도

대마도는 역사적으로 지금과 같이 일본에 속한 영토가 아니라 나름의 독자적인 국가를 형성하였다. 이러한 내용은 『삼국지』「위지」동이전에 나타난 '대마국(對馬國)'이라는 표현을 통해 설명이 가능하다. 왜인조(倭人條)에 따르면 다음과 같이 기록되어 있다.

구야(拘耶, 가야)에서 바다를 건너 1000여 리를 가면 대마국에 도착한다. 그곳을 다스리는 우두머리인 대관(大官)을 비구(卑拘)라 하고 부관을 비노모리(卑奴母離)라고 한다. 망망대해에 떠 있는 고립된 섬으로 사방이 400여 리이고 토지는 산이 험하고 숲이 많으며, 도로는 짐승이나 사슴이 다니는 길과 같다. 천여 호(戶)가 살고 있으나 좋은 밭이 없다. 해산물을 먹으며 산다. 또한 배를 타고 남북으로 물자를 교역한다.

이를 통해 대마도의 자연환경이 양호하지 않고 농경지에서 얻을 수 있는 식량 자원이 부족하여 수산 자원에 의존한 삶을 살았다는 내용을 확인할 수 있다.

우리가 잘 알고 있는 것처럼 부산에서 49.5km 떨어져 있는 섬 대마도는 일본의 실효적인 지배를 받고 있으나 우리나라에 더 가까이 위치하여 육안으로도 그 실체를 확인할 수 있다. 섬의 대부분이 해발 400m 내외의 산지로, 전체 면적의 89%가 삼림이며 그 경사도가 심하여 농사짓기에 부적합하다. 주민들의 생활이 가능하도록 식량을 조달하기 위해서는 대한해협을 사이에 두고 주변 지역과의 무역이 필수적이었다.

지극히 불량한 자연환경을 지닌 대마도에서 식량 문제를 해결하는 방법은 산을 개간하여 화전(火田)을 일구는 것과 외부에서 식량을 조달하는 것뿐이다. 그러나 대마도의 지형적 특성상 산지의 경사도가 심하기 때문에 화전을 일구는 작업 역시 제한적인 요소가 많았으므로 쉽게 택할 수 있는 방법은 아니었다. 그 대신 섬을 둘러싸고 있는 해양으로 진출하여 근해인 한반도의 해안 지방을 약탈하는 해적 활동은 비교적 쉬운 일이었다.

삼국 시대까지만 해도 한반도와 일본 열도 사이에서 중개무역을 하던 대마도는 고려 말기 이후 징검다리 역할을 중단하고 왜구의 본거지로 변모하였다. 『삼국사기』에는 "왜인이 대마도에 주둔지를 설치하고 병기와 군량을 저축하여 우리를 습격하려 하고 있다."라는 기록이 있다. 왜구의 약탈은 조선 초기에 매우 심각한 문제로 부각되어 조선은 건국 초기부터 왜구를 방어하기 위한 대책을 강구하였다. 고려는 약탈하는 왜구를 회유하기도 하고 무력으로 응징하기도 하였다. 조선에서는 초기에 왜구의 침입을 저지하는 강경책과 회유책, 외교적 교섭 등의 방법을 취하다가 왜구 통제에 협조하던 대마도주가 죽고 난 뒤 왜구에 대한 통제가 어려워지면서 대마도 정벌의 강경책을 사용하기도 하였다.

조선 정부가 대마도 정벌에 성공하면서 왜구의 움직임은 다소 수그러들었고, 대마도는 경상도의 속주로 편입되었다. 이렇게 해서 대마도는 우리나라 동쪽의 관문 역할을 수행하였고, 대마도에서는 한반도와 일본을 왕래하는 선박을 본격적으로 통제하기 시작하였다. 즉 대마도가 한일 관계에서 중요한 중간 지점으로 등장한 것이다.

조선 정부는 세종 때 일본 국내 정세에 대한 정보를 통교자(通交者)를 통해 얻거나 대마도에서 수집하였기 때문에, 정확한 정보를 파악하지 못하기도 하였다. 이 때문에 임진왜란을 겪게 되었는데, 당시 대마도에서는 일본에서 보내온 문서를 위조하여 조선으로 보내기도 하였다. 임진왜란이 일어났을 때에 일본이 대마도를 점령한 것에 항의한 의병들의 전적비가 대마도 곳곳에 남아 있는 것을 보면 대마도가 일본의 영토가 아니었음은 분명한 사실이다. 그러나 임진왜란을 계기로 대마도가 일본 수군의 주둔지로 변모하면서 대마도에 대한 일본의 영향력은 더욱 커지기 시작하였다. 결국 일본에서는 메이지 유신을 계기로 대마도를 일본 영토에 편입시켜 버렸다.

근대화와 한일 합방으로 국권이 넘어가 우리 정부에서는 대마도의 영유권을 주장할 겨를이 없었다. 이승만 대통령은 1948년 9월 9일 일본 도쿄에서 가진 외국 기자와의 간담회를 통해 대마도가 한국의 소유이므로 반환을 요구하겠다고 하였지만, 일본 정부는 역사상 근거가 없다고 반박하였다. 또한 1949년 1월 7일 이승만 대통령은 연두 기자회견에서 대마

그림 3-20. 대마도를 반환하라고 요구한 이승만 대통령의 회견 기사(동아일보, 1949년 1월 8일)

도의 반환을 언급하였다(그림 3-20). 당시 이승만 대통령은 "대마도가 우리의 섬이라는 것은 더 말할 것도 없거니와 350년 전(지금으로 계산하면 410여 년 전) 일본인들이 그 섬을 침입하였을 때에도 대마도에 사는 사람들이 민병을 일으켜서 일본인들과 싸웠다. 대마도 주민들이 이를 기념하기 위하여 대마도의 여러 곳에 건립하였던 비석을 일본 정부가 뽑아다가 도쿄 박물관에 둔 것만으로도 이를 입증할 수 있다. 이 비석도 찾아올 생각이다."라고 언급하였다. 대한민국 정부는 1951년 샌프란시스코 평화조약의 초안 작성 과정에서 미국 국무부에 대마도의 반환을 요구하는 문서를 보냈으나 그 요구가 거부되어 대마도는 일본의 실효적 지배를 받게 되었으며, 그 상태가 지금까지 이어지고 있다.

역사적 흐름을 통해 보면, 임진왜란 이후 조선과 일본은 우호적인 관계를 지속적으로 유지하였기 때문에 대마도와 관련한 영토 분쟁은 거의 발생하지 않았다. 그러나 일제 강점기를 거치면서 싹튼 우리의 민족의식은 이승만 대통령이 1948년 8월 18일 대마도 반환을 최초로 주장하게 하였고, 일본이 이 주장에 즉각적으로 반박하면서 대마도에 대한 우리나라와 일본의 관심이 본격화되었다. 특히 1952년 1월 18일 이승만 대통령이 대마도 영유권을 주장한 이후 일본 정부에서는 3년에 걸쳐 학자들에게 대마도 연구를 집대성할 수 있도록 적극적으로 지원하였으며, 그 결과 대마도는 일본 땅이라는 논리적 근거를 어느 정도 완성하게 되었다. 1965년에 한국과 일본 간 한일협정이 체결될 당시에는 다른 중대 사안에 밀려 대마도 문제는 거론되지도 못하였다. 그 이후에는 일본이 독도 영유권을 주장함에 따라 우리 정부는 대마도 문제를 제대로 다루어 보지도 못한 채 지금에 이르게 되었다. 100여 년 전까지만 하더라도 대마도에서는 한국말이 사용되었다고 전해지기도 한다.

3개의 가라가 있던
삼국 시대

대마도가 삼국 시대와 통일신라 시대를 거쳐 우리나라의 땅이었다는 사실에는 이견이 없다. 대마도는 본래 계림(鷄林)에 속한 우리나라 땅이다. 계림은 신라 탈해왕 때부터 부르던 신라의 옛 이름이기도 하고, 신라의 도읍지였던 경주를 지칭하는 명칭이기도 하다. 때에 따라서는 계림이 우리나라를 가리키기도 한다. 박제상이 말한 "계림의 개나 돼지가 될지언정, 왜놈의 신하가 되지 않겠다."라는 내용에서는 계림이 신라를 가리키는 것으로 이해할 수 있다.

역사 기록 가운데 대마도에 관한 가장 오래된 기록을 담고 있는 문헌은 앞에서 살펴본 것처럼 『삼국지』「위지」동이전의 왜인조(倭人條)일 것이다. 그 내용에는 한반도 중부의 서해안으로부터 남해안을 끼고 낙동강 하구에서 대한 해협을 지나 일본 규슈 북부에 이르는 노정을 포함하고 있으며, 대마(對馬)라는 명칭이 처음으로 사용되기도 하였다. 거리 정보가 틀린 것을 제외하면 대부분 사실과 부합하는 내용으로 "좋은 경작지가 없어 해산물을 잡아서 팔거나 남북 해상을 통하여 생활을 영위해 나가고 있다."라는 내용은 3세기, 즉 야요이 시대 말기의 대마도 모습을 묘사한 것으로 보인다.

3세기는 한반도의 남부 지방에서 규슈 지방으로의 대량 이주가 시작된 지 500년이 흐른 시점이다. 윗글에 나온 내용에서는 일부 한반도 풍습을 연상시키는 부분도 있지만 상당한 차이를 보이는 부분도 있다. 이는 종족 계통의 차이라기보다는 500년의 세월이 흐르는 동안 한반도에서 대마도로 이주해 간 사람들이 대마도의 자연환경에 적응하면서 일어난 문화변동의 결과라고 볼 수 있다. 앞에서 본 것처럼, 당시의 기록에 따르면 대마도는 대마국으로 표기되었다.

이보다 앞선 시대인 1세기 후반의 일본에 대하여 기술한 문헌인 『한서(漢書)』「지리지」에는 "낙랑(樂浪)의 바다 가운데 왜인이 있는데 100여 개의 나라로 나뉘어 있다. 새해가 되면 낙랑군을 찾아와 공물을 바치고 알현한다."라고 적혀 있다. 1세기 무렵에 중국이 접할 수 있었던 일본 영토의 범위는 규슈 지방을 크게 벗어나지 못하였을 것이다. 이런 관점에서 대마도에 난립하고 있었다는 100여 개의 국가는 군장국가(chiefdom) 형태의 고대도시가 성립되기 이전, 씨족 집단이 모여 살던 부족 공동체(band society)였을 것으로 추정된다.

이를 「위지」 동이전에 기록된 왜인조의 내용과 비교하면 200여 년 사이에 적지 않은 변화가 있었음을 알 수 있다. 즉 100여 개에 달하던 부족 공동체가 30여 개로 감소하였다는 사실에서 당시의 정치조직이 보다 큰 형태로 변모하였음을 알 수 있다. 이는 우리나라에서 고대도시가 형성되던 시기와 거의 흡사한 시기에 대마도에서도 여러 씨족 집단이 하나의 중심 취락을 거점으로 중심과 주변 지역의 관계를 형성함으로써 나름의 고대도시로 발전하였음을 의미한다.

여러 개의 마을로 이루어진 고대도시의 인구규모는 많아야 2000명 내외이다. 물론 이 경우는 풍부한 식량 자원 및 농경지를 전제로 해야 한다. 그러나 대마도는 식량 자원이 풍부하지도 않았고 농경지도 척박하였기 때문에, 실질적인 인구규모는 그보다 훨씬 작았을 것이다. 대마도에서는 30여 개의 부족 공동체가 세력을 확장시키면서 중세에 들어서 10여 개의 행정조직을 형성하게 되었고, 그 이후 『해동제국기』에 등장하는 8개의 행정조직을 갖추게 되었을 것으로 사료된다.

1911년에 한국의 고대 역사를 서술한 책으로 알려진 『환단고기(桓檀古記)』가 있다. 이 책은 예부터 전해져 왔다는 4권의 고서를 엮은 형식으로 한민족 또는 동이족이 오랜 역사와 넓은 영토를 가졌다고 서술하였다. 이 책은 일본에서는 커다란 주목을 받았지만, 우리나라와 북한의 역사학계에서는 사료적 가치가 부족한 것으로 바라보는 시각이 지배적이다. 우리나라에서 『환단고기』를 어떻게 평가하는지의 여부를 떠나, 그 내용을 확인해 보면 "삼국 시대에 상대마에는 신라촌과 고구려촌이 있었고, 하대마에는 백제촌이 있었다."라는 기록이 있다.

광개토대왕 비문에도 "서기 400년에 대왕이 대마도를 점령하고 치소를 대마도에 두었다."라고 밝혀져 있다. 당시 대마도는 가야국의 국미성(國尾城)이었다. 광개토대왕은 왜인들이 출몰하는 가야를 점령하여 왜구를 물리치고 계속해서 일본까지 침공하였다는 내용도 비문에 포함되어 있다. 이 과정에서 대마도에는 고구려촌인 인위가라가 생겨났을 것이다.

계속해서 『환단고기』의 고구려 본기에는 "규슈와 대마도는 삼한이 나누어 다스리던 곳으로 본래 왜인들이 세거(世居)하던 곳이 아니다."라고 기록하였으며, "대마도는 삼가라(三加羅)로 나뉘었으니 좌호가라(佐護加羅)는 신라에 속하고, 인위가라(仁位加羅)는 고구려에 속하며, 계지가라(鷄知加羅)는 백제에 속하였다."라고 기술하였다. 당시 왜인들이 살던 곳이 아니라는 말은 대마도가 일본인들의 주거 공간이 아니었음을 확인시켜 주는 것이다. 가라는 가장 중심이 되는 고을을 의미한다.

대마도의 가장 북쪽에 있었던 좌호가라는 지금의 사스나(佐須奈)가 자리한 가미아가타마치와 히타카츠가 있는 가미쓰시마마치의 범위에 해당한다. 대마도의 중앙 부분을 차지하였던 인위가라는 지금의 니이(仁位)가 있는 도요타마마치와 미네가 있는 미네마치의 범위에 해당하고, 가장 남쪽의 계지가라는 게치(鷄知)가 있는 미쓰시마마치와 대마도에서 가장 큰 중심지인 이즈하라가 있는 이즈하라마치의 범위에 해당한다. 이와 함께 계지가라에서 약 5km 떨어진 지점에는 광개토대왕 비문에 등장하는 임나가라(任那加羅)가 있었을 것이라는 설이 있다. 즉 임나가 대마도에 있었다는 뜻이다. 요약하면 『환단고기』의 내용을 통해 우리는 대마도가 본래부터 일본인의 주거 공간이 아니었다는 사실과 함께 우리나라의 고구려·백제·신라에 분할되어 통치되었다는 사실까지도 확인할 수 있다.

삼국 시대 초기에 대마도는 진도(津島)라고 불렸다. 일본의 『고사기(古事記)』에서는 진도를 한반도로부터 일본 열도로 가던 배가 머무르던 나루터와 같은 곳이라 기록하였으며, 『일본서기(日本書紀)』의 「신대(神代)」에는 '한향지도(韓鄕之島)'로 기록되어 있다. 앞에서 설명한 바 있듯이 '진도'는 일본어로 '쓰시마'라 읽는다. 아무튼 위의 사실을 종합하면 대마도는 한반도에서 일본 열도로 사람이 건너오거나 문물이 전파될 때에 거쳐 온 섬 또는 '한국의 섬'이라는 의미를 가진다.

13세기 말 일본의 가마쿠라 바쿠후(鎌倉幕府) 시대인 1274~1281년 사이에 문답체로 쓰인 총 11권에 달하는 일종의 백과사전류라 할 수 있는 『진대(塵袋)』 중 토지와 재배 식물의 내용을 담고 있는 제2권에도 삼국 시대의 내용이 포함되어 있다. 이에 따르면 "무릇 대마도는 옛날에는 신라국과 같은 곳이었다. 사람의 모습도 그곳에서 나는 토산물도 모두 신라와 다름이 없다."라는 기록이 포함되어 있다. 이는 한반도에서 건너간 사람들이 오래전부터 대마도에 거주하기 시작하였다는 사실과 함께 대마도의 풍토가 일본 열도와는 본질적으로 다르고 한반도와 비슷한 자연환경을 지녔기에 한반도에서 생산되는 토산물과 대마도의 토산물이 다르지 않다는 것을 보여 준다. 대마도에 거주하던 사람들이 신라 사람들과 인종적으로나 문화적으로 동질적인 집단이었음을 강조한 내용이다. 대마도가 한반도의 문화적 영향권 내에 있었다는 사실은 한반도와 대마도 간의 지리적 관계나 역사적 자료를 통해 쉽게 확인할 수 있다. 지금까지도 그 흔적은 대마도 곳곳에 투영되어 있다.

『삼국사기』권1 신라 본기에는 "표주박을 허리에 차고 바다를 건너온 호공(瓠公)이란 사람이 있는데 그 족성(族姓, 문벌이나 성씨)이 이상하며 본래 왜인이다."라는 기록이 있다. 조선 후기 영·정조 시대를 거쳐 고종 대에 이르는 기간 동안에 기존의 『동국문헌비고(東國文獻備考)』를 증보하여 편찬한 『증보문헌비고(增補文獻備考)』「경상도」동래편에서는 "호공(瓠公)이 대마도 사람으로서 신라에 벼슬하였으니 대마도가 우리 땅임을 볼 수 있으나, 대마도가 저들의 땅이 된 것이 어느 시대에 있었는지 알 수 없다."라는 기록과 함께 "신라 본기에서 말하기를, 408년(실성왕 7)에 왜인이 대마도에 영문(營門)을 설치했다."라는 표현이 있다. 영문이란 군부대의 방어 시설로 설치한 관문을 의미한다. 만약 본래부터 대마도가 왜인의 땅에 속하였더라면 대마도에 영문을 설치할 필요가 없었을 것이며 신라의 역사에 기록하지도 않았을 것이다.

요컨대, 삼국 시대에는 광개토대왕 비문에서도 밝힌 바와 같이 서기 400년(광개토대왕 10) 대마도에는 고구려·백제·신라의 분국이 설치되어 있었다는 사실을 알 수 있다. 대마도에 형성되었던 신라 시대의 마을을 연구한 이병선의 주장에 따르면, 삼국 가운데 신라의 부족 공동체를 토대로 형성된 고대도시의 세력이 가장 강성하여 8세기경까지는 신라가 대마도를 지배하였다.

진봉 관계에 있던
고려 시대

신라가 삼국을 통일한 이후부터 고려 시대에 이르기까지 한반도와 일본과의 교류는 그리 많지 않았다. 왕실에서의 교류는 빈번하지 않았지만 상인들에 의한 교역을 비롯하여 표류민의 송환과 같은 민간 부문에서의 양국 간 교류는 지속적으로 이루어졌다. 민간의 교류는 고려 문종 대(1047~1082)에 활발하였는데, 대마도 해안가에 표류한 고려의 사람들을 한반도로 보내주거나 토산물을 고려에 바치는 일이 가장 빈번하였다. 이러한 흐름이 지속되면서 12세기 후반에는 외교 관례의 형식을 갖춘 진봉(進奉) 관계가 이루어졌고 진봉선 무역(進奉船貿易)이 정례화되었다. 진봉이란 진귀한 물품이나 그 지방의 토산물 등을 임금이나 고관에게 바치는 일로 진상(進上)과 같은 의미로 보면 된다. 진봉선 무역 체제는 1169년(의종 23)부터 1263년(원종 4)에 이르기까지 약 1세기 동안 진행되었으며, 이는 주로 조공 무역의 형태를 유지하였다.

『고려사』에 따르면 원종 4년의 외교 문서에 대한 기록이 다음과 같이 적혀 있다.

양국이 통교한 이래로 해마다 상례로 진봉하는데 한 번에 오는 배는 두 척을 넘지 못하게 하였다. 만약 다른 배가 다른 일을 빙자하여 고려 해안 지방의 고을에서 소란을 일으킬 때에는 일본이 엄하게 처벌하고 금지할 것으로 정약하였다.

이 내용으로 보면 고려와 일본 사이에는 정기적인 진봉 관계가 유지되었으며, 일본에서 들어올 왜구를 방지하기 위한 대책으로 선박의 규모를 두 척으로 제한한 사실까지 확인할 수 있다. 이는 증가하는 일본인들의 왕래를 통제하기 위한 일종의 무역 제한책으로 인식할 수 있다. 진봉선을 누가 보냈는지에 대해서는 아직까지도 다양한 학설이 제기되고 있으나, 무역 시기에 대해서는 대체로 의견이 일치한다. 11세기 말부터 13세기 후반까지 지속되었을 것이라는 것이 지배적이다.

고려 후기에 들어서서 약속된 무역선 외에 정부로부터 허가받지 않은 사설 무역선이 무질서하게 왕래하고 그 가운데 일부 선박은 진봉선으로 위장하여 한반도의 남해안과 대한 해협 등지에서 해적 행위를 자행하였다. 이로 인해 정상적인 진봉선의 운영이 불가능하게 되었다. 그러다가 원나라가 침략한 이후 고려가 원나라와 강화조약을 체결하고, 여원 연합군이 일본을 침략하면서 진봉선 무역 체제는 종료되었다. 이후 고려와의 교역 통로를 상실한 대마도 사람들은 고려의 남해안에서 노략질을 일삼는 왜구로 변하였다.

12세기 말 일본 천태종의 승려가 쓴 책인『산가요약기(山家要略記)』에는 "대마도는 고려국의 목장이며 옛날에는 신라 사람들이 살았는데 제9대 천황인 가이카 천황(開化天皇, 기원전 208~기원전 98) 대에 대마도로부터 일본 본토로 습래(襲來)해 왔다."라는 내용이 있다. 지금은 잘 사용하지 않는 표현인 습래란 습격하여 왔다는 뜻으로 내습과 같은 말이다. 이는 곧 신라 사람들이 한반도에서 대마도를 거쳐 일본으로 이주해 갔음을 보여 준다.

한편『진대』제2권의「고려사」에 따르면 "고려는 1085년(선종 2) 이래로 대마도주를 대마도구당관(對馬島勾當官)으로 불렀다."라고 기록되어 있다. 구당관은 고려 시대에 변방 지역이나 수상 교통의 요충지를 관장하던 행정 책임자들을 지칭한다. 이에 따르면 고려 시대에 탐라(제주도)는 물론 대마도와 이키 섬의 지배자들에게도 구당사(탐라) 혹은 구당관(대마도, 이키 섬)이란 명칭을 부여하였는데, 이는 고려 시대의 지배력이 대마도를 넘어 더 멀리 떨어진 이키 섬에까지 펼쳐졌음을 시사한다. 즉 탐라를 비롯한 대마도와 이키 섬을 고려에 속한 영토로 인식하였거나 아니면 고려 조정이 대마도와 제주도를 고려 고유의 지배 질서 속에서 동등한 수준으로 다루었음을 확인할 수 있다.

『고려사』 공민왕 17년 7월의 내용 가운데에는 "대마도 만호가 사자를 보내와 특산물을 진헌하였다."라는 기록이 있고, 같은 문헌 공민왕 17년 11월의 내용에는 "대마도 만호 숭종경(崇宗經)이 사자를 보내어 조공하였다. 종경에게 쌀 1000석을 하사하였다."라는 기록이 있다. 이 시기에 대마도주가 아비류에서 소씨(宗氏) 가문으로 바뀌었다. 대마도주 종경무(宗經茂)가 대마도 만호(萬戶) 숭종경으로 표기되어 있기는 하지만, 대마도의 도주가 고려로부터 군직인 만호라는 관직을 받았다는 사실을 통해 고려가 대마도를 실질적으로 지배하였음을 알 수 있다. 대마도주가 고려와 독자적으로 통교하는 동시에 만호라는 고려의 무관직까지 받았음은 일본에 속한 대마도가 아니라 고려에 속한 대마도라는 사실을 더욱 확고하게 해준다.

대마도와 고려 사이의 관계가 일그러지게 된 결정적 사건은 여몽 연합군의 일본 정벌에 기인한다. 당시 몽골군의 대마도 정벌로 인해 대마도의 피해는 말할 수 없을 정도로 심각하였는데, 대마도에 거주하던 사람들이 몽골에 가졌던 적대감을 고려 사람들에게 돌리면서 고려와 대마도 간에는 매우 불편한 관계가 형성되었다. 여기에 척박한 토양으로 식량 자원이 부족했던 대마도 사람들이 생존을 위해 외지로부터 물자를 조달하는 수법이 점차 약탈로 변모되면서 대마도에 살던 주민들은 '왜구'라는 호칭을 얻게 되었다. 고려 말기의 왜구는 대마도에서 출발하여 바다를 건너 노략질을 하였기 때문에, 그들의 주요 침입로는 동래에서 낙동강을 따라 김해나 양산 지방으로 이동하는 것이었고 또는 동해안을 따라 울산 일대까지 확대되기도 하였다.

고려와 대마도 간의 진봉선 무역이 끝난 후 1392년까지 대마도에 은거하던 왜구들은 총 500여 회에 걸쳐 해안에 침범하여 약탈 행위를 자행하였다. 남해안에 출몰하는 왜구의 노략질로 주민들의 생활이 어려워지자 공양왕 때인 1389년에 경상도의 원수였던 박위(朴葳)는 대마도 정벌을 감행하지 않을 수 없었다. 당시 박위는 병사들을 태운 선박 100척을 이끌고 대마도를 공격하여 왜선 300척을 무찌르고 고려에서 잡혀간 민간인 포로 100여 명을 송환해 왔다. 박위가 대마도를 정벌하기 이전에 대마도를 정벌하자는 의견은 우왕 때인 1387년에도 있었다. 군함을 건조해 왜구를 막았던 경험이 있던 정지(鄭地)는 대마도와 이키 섬에 일본의 반민(叛民, 반란을 일으키거나 반란에 가담한 백성)이 거주하고 있어 그들이 늘 침략해 오니 그곳을 쳐야 근본적인 안정을 가져올 수 있다고 본 것이다.

왜구에 대한 기록은 『고려사』고종 10년 5월의 기록에서 처음으로 등장하는데, "갑자(甲子)에 왜(倭)가 금주(金州)에 침구(侵寇)하였다."라는 기록이다. 고려 시대에는 지금의 김해를 금주라 불렀다. 토양이 척박한 대마도는 산물이 부족하기 때문에 노략질에 나선 것인데, 그 첫번째 장소가 대한 해협을 건너 낙동강을 따라가면 도착할 수 있는 김해였다. 이후로도 남해안에서 왜구의 노략질은 지속되었다.

『고려사』의 기록을 보면, 고종 13년과 14년 여러 차례에 걸쳐 김해와 남해안 일대에 출몰한 왜구를 격멸하였다. 왜구의 침략이 빈번해지자 고려에서는 몽골군과 연합하여 대마도는 물론 이키 섬까지 정복하고 규슈에 상륙하였다. 여몽 연합군이 일본 원정을 위해 대마도에 상륙했던 지역은 이즈하라마치 서쪽 해안에 위치한 지금의 고모다하마(小茂田浜) 해변으로 알려져 있다.

대마도 정벌과 속두화가 이루어졌던 조선 초기

대마도를 근거지로 삼은 왜구들의 한반도 남해안 일대에 대한 노략질은 고려 말기에서 조선 초기에 이르는 동안에도 지속적으로 이루어졌다. 특히 왜구의 노략질은 한반도에서의 정권 변화기에 더욱 심화되었다. 이에 조선의 태종은 대마도 정벌을 단행하였다.

본격적으로 대마도 정벌을 감행한 1419년에 병조판서 조말생(趙末生) 명의로 작성되어 대마도주에게 보낸 교유문(教諭文)에는 "권토래항 권토솔중 귀우본국(捲土來降 捲土率衆 歸于本國)"이라 적혀 있다. 이는 조선에 항복하거나 아니면 무리들을 이끌고 일본으로 돌아가라는 일종의 요구서한이다. 이와 같은 교유문은 대마도가 일본 땅이 아닌 조선의 영토임을 보여 주는 자료이다. 『세종실록』 1년 6월 6일에 기록된 교유문의 내용은 다음과 같다.

대마도는 섬으로 본래 우리나라의 땅이다. 다만 궁벽하게 막혀 있고 또 좁고 누추하므로 왜놈들이 거류하게 두었더니 개같이 도적질하고 쥐같이 훔치는 버릇을 가지고 경인년부터 뛰놀기 시작했다.

조선 조정에서는 대마도를 정벌한 후 대마도주에게 교유문을 보냈다. 세종 1년 6월에 실시된 대마도 정벌 이후 조선과 일본 사이에는 강화 교섭이 이루어졌으며, 그해 7월에 다시 교유문을 보냈다. 7월에 귀화한 왜인 후지카타(藤賢) 등 5명을 시켜 대마도로 가지고 가도록 한 교유문의 내용은 다음과 같다.

대마는 섬으로서 경상도의 계림(鷄林)에 예속했으니, 본디 우리나라 (조선)의 땅이라는 것이 문적(文籍)에 실려 있어 확실하게 상고할 수 있다. 다만 그 땅이 심히 작고 또 바다 가운데 있어서, 왕래함이 막혀, 백성들이 살지 않았을 뿐이다. 이러므로 왜인으로서 그 나라에서 쫓겨나서 갈 곳이 없는 자들이 다 와서, 함께 모여 살며 소굴을 이루었던 것이다. 때로는 도적질로 나서서 평민을 위협하고 노략질하여 전곡을 약탈하고 … 만약 빨리 깨닫고 다 휩쓸어 와 항복하면 도도웅와(都都熊瓦, 소사다시게의 아들)에게는 좋은 벼슬과 두터운 녹도 나누어 줄 것이요, 나머지 대관(代官)들은 평도전(平道全)의 예와 같이 할 것이며, 그 나머지 무리들도 옷과 양식을 넉넉히 주어서 비옥한 땅에 살게 할 것이다. … 이 계책에 나아가지 않는다면 차라리 무리를 다 휩쓸어서 이끌고 본국(일본)으로 돌아가는 것도 가능하다. 만일 본국에 돌아가지도 않고 우리나라에 항복하지도 않으면서 도적질할 마음을 품고 섬에 머물러 있으면 마땅히 병선을 갖추어 다시 섬을 에워싸서 정벌할 것이다.

이 교유문은 일종의 선전포고였다. 교유문을 받은 대마도주는 이듬해에 조선의 반병파(藩屛派) 속주(屬州)가 될 것을 청하였으며, 조선 정부는 대마도를 경상도에 예속시키고 대마도주에게 인신(印信)을 내렸다. 인신이란 조선 시대에 예조에서 대마도주나 여진족에게 내려 주었던 동으로 만든 도장이다. 이렇게 해서 대마도는 경상도의 속주가 되었고 대마도주는 수도서인(受圖書人)의 허가권자가 되었다. 수도서인은 조선 시대에 조선으로 입국하는 데 필요한 허가를 받은 일본 사람을 가리키는 말로, 수도서왜인(受圖書倭人)이라고도 불렸다. 조선 정부의 이러한 조처는 대마도가 조선의 정치체제에 편입되어 있었음을 확실히 보여 준다.

조선 시대의 수도서인은 대마도주로부터 허가를 받고 조선과의 무역을 허락받은 왜인을 총칭한다. 조선에 들어오는 왜인의 수가 급증하고 여러 가지 문제점들이 발생하자 조선에 입국하는 사람의 수를 제한하고자 도서(圖書, 동으로 만든 도장)를 만들어 대마도주에게 주고 도서가 찍힌 서계(書契)를 가지고 오는 사람만 조선에 들어올 수 있게 하였다. 그 도서는 원본을 예조와 개항장인 삼포에 두고 왜인들이 가지고 오는 것과 대조하여 진위를 구별하였다. 대마도주는 조선과의 교역에서 특권을 장악하여 돈을 받고 도서를 발행하였으며, 이와 같은 입국 증명은 왜인들이 한반도로 들어오는 것을 통제하기 위한 수단으로 사용되었다.

조선은 건국 초기부터 중국의 책봉 체제를 전제로 조선 국왕과 일본 장군을 대등 교린에 넣었으나, 그 과정은 일본이 우리 정부에 조공하는 형식으로 진행되었다. 이와 같은 일련의 과정에서 왜구를 통제하려 하였으나 그리 뚜렷한 성과를 거두지 못하였다. 이에 조선은 일본에서 조선과 통교하고자 하는 모든 왜인으로 하여금 대마도주를 대변자로 조선이 정한 각종 통제 규정을 따르도록 하였고 그들을 조선 중심의 질서 속으로 편입시켰다. 왜인들은 수직 제도를 통하여 조선의 관직을 내려 받았고, 조선으로부터 받은 조선 관복을 착용한 후 조선을 방문하여 국왕을 알현하고 신하로서의 충성을 다짐하였다. 이 사실은 대마도 사람은 물론 일본 본토의 힘 있는 호족까지도 조선의 정치 질서 속에 편입시켰음을 명확히 보여 준다. 결국 대마도 사람들은 조선이 정한 질서 속에서 통교자와 신하로서의 권리를 보장받아 그들의 생존을 유지해 갔던 것이다.

대마도가 조선의 영토라는 사실은 세종 1년의 대마도 정벌과 그 후속 조처에 따라 대마도가 경상도의 속주로 편입되는 과정에서 잘 드러난다. 조선의 직접적인 지배를 받으면서 대마도에서는 조선 정부에 주기적으로 공납을 바쳤다. 조선 정부에서는 이에 대한 화답으로 베와 같은 직물을 비롯하여 쌀이나 콩 등의 식량을 내려보냈다. 이러한 기록은 조선 시대에 기록된 실록에서 수도 없이 찾아 볼 수 있다.

조선 정부가 대마도로부터 토산물을 받고 그에 대한 보답을 하였다는 내용 또는 대마도주가 왜구의 근절을 맹세하였다는 기록 가운데 일부만 제시하도록 하겠다.

- 정종 2년 4월 1일 : 대마도 왜인이 말 16필을 바치다.
- 태종 1년 9월 29일 : 일본의 대마도 임시 태수 소사다시게(宗貞茂) 등

이 말, 석고, 백반을 바치다.

- 태종 13년 1월 4일 : 대마도 소사다시게의 사인이 토산물을 바치니 소사다시게에게 쌀 100석을 하사하다.

- 세종 1년 2월 15일 : 대마도 왜인이 우리나라 사람 1명을 돌려주고 토산물을 바치면서 양곡을 구걸하다.

- 세종 4년 11월 18일 : 대마도 왜인이 와서 토산물을 바치고, 태종의 상을 위문하다.

- 세종 14년 9월 21일 : 대마도의 소사다나오(宗貞直)가 토산물을 바치므로, 정포 30필과 쌀, 콩 각 30석을 내리다.

- 세종 26년 4월 30일 : 초무관 강권선(康勸善)이 이키 섬에서 돌아와 대마도, 이키 섬, 규슈 등지의 사람들을 후하게 대하여 순종하고 복종하게 할 것을 아뢰다.

- 문종 1년 4월 24일 : 대마도의 소사다모리(宗貞盛)가 사람을 보내 토산물을 바치다.

- 단종 2년 1월 10일 : 일본국 대마도주 소시게요시(宗成職)가 사자를 보내어 와서 토산물을 바치다.

- 세조 9년 12월 24일 : 일본국 대마도 소시게요시가 사람을 보내어 와서 토산물을 바치다.

이와 같이 대마도는 조선에 예속된 지방이었다. 그러나 일본의 바쿠후(幕府)가 개입하면서 얼마 지나지 않아 속주화 조치가 철회되었다. 조선 정부는 대마도를 조선에 복속시키는 대신 대마도주가 신하가 되어 대마도 변경을 지킨다는 명분과 정치적 종속 관계에 만족해야 했다. 세종 원년에 온 바쿠후 장군의 사절에 대한 보답으로 송희경(宋希璟)이 회례사로 선발되어 일본으로 갔을 때, 일본에서는 대마도의 속주화 요청은 본의가 아니었다고 항의하였다. 이에 송희경은 조선이 영토적 욕심 때문에 대마도를 예속시킨 것이 아니라고 하면서 일본의 의사를 조정에 알렸다. 조선 정부에서 대마도 정벌을 결행한 이유는 영토를 지배하기 위한 목적보다는 남해안으로 침입하는 왜구를 격퇴시키기 위함이었다.

이에 대해서는『세종실록』3년 4월 7일의 기록에 등장하는 당시 대마도 소사다모리(宗貞盛)의 사절인 구리안(仇里安)과 예조의 대화를 확인해 보겠다.

예조에서 묻기를, "전번에 서계에 이르기를, '대마도가 경상도에 예속되었다는 말은 역사 문헌을 상고하거나 노인들에게 물어보더라도 아무 근거가 없다.'라고 하였으나, 이 섬이 경상도에 예속되었던 것은 옛 문헌에 분명하고, 또한 너희 섬의 사절인 신계도(辛戒道)도 말하기를, '이 섬은 본래 대국에서 말을 기르던 땅이라.' 하였다. 그러므로 과거에 너희 섬에서 모든 일을 다 경상도 관찰사에게 보고하여, 나라에 올린 것은 이 까닭이었다. 조정에서는 너희 영토를 다투려고 하는 것이 아니다." 하니, 구리안이 말하기를, "본도가 경상도에 소속되었다 함은 자기로서도 알 수 없는데, 신계도가 어찌 저 혼자서 이것을 알 수 있겠습니까. 이것은 반드시 망녕된 말입니다. 가령 본도가 비록 경상도에 소속되었다 할지라도, 만일 보호하고 위무하지 않으면 통치권 밖으로 나갈 것이요, 본디 소속되어 있지 않더라도 만일 은혜로 보호하여 주신다면 누가 감히 복종하지 않겠습니까. 대마도는 일본의 변경이므로, 대마도를 공격하는 것은 곧 본국(일본)을 공격하는 것입니다. 그러므로 소이전 (小二殿)에서 귀국(조선)과 교통할까 말까를 어소(御所)에 아뢰었더니, '마음대로 하라.'고 대답하였으므로, 도주가 나를 보내어 와서 조공한 것입니다."라고 하였다.

이렇게 보면 대마도에서는 도주의 사자를 보내어 대마도의 경상도 예속을 부인하고 일본의 변방에 속한 섬이라는 사실을 주장한 것이다. 그러나 대마도의 속주화 문제와 관련하여 여러 차례에 걸쳐 도주의 사신이 조선 정부를 방문하여 요청한 사실은 명백하다. 무엇보다 섬의 사활이 걸린 문제를 도주가 몰랐다고 하는 것은 말이 안 되는 내용이다. 그 과정을 살펴보면 대마도 정벌 후 교섭 과정에서 바쿠후와 조선의 태도를 관망하면서 지연 작전을 쓰던 대마도로서는 소이전과 협의하고 송희경에게 외교적 책략을 써 본 것인데, 이에 대해 송희경이 대응하는 태도를 보고 난 후 일본 측이 입장을 바꾼 것이라는 견해가 있다.

송희경은 이종무가 대마도를 정벌한 다음 해인 1420년에 회례사의 자격으로 일본을 다녀온 후 사행 일기인 『일본행록(日本行錄)』을 저술하였다. 당시는 조선이 명나라와 연합하여 일본을 정벌할 것이라는 말이 일본에 잘못 전파되어 조선과 일본 사이의 관계가 미묘하던 시기였다. 여기에서 송희경은 대마도를 부용국(附庸國, 큰 나라에 딸려 그 지배를 받는 작은 나라) 내지 속국으로 인식하였다. 대마도에 도착한 후 그는 "조선과 일본은 한 집안"이라고 하였고, 대마도 만호였던 사에몬타로(左衛門太郞)를 만나서는 "같은 왕의 신하"라고 하였다.

이후에도 대마도를 조선과 적대 관계를 가진 땅이 아니라 조선에 속해 있는 땅으로 인식하였음을 보여 주는 기록은 계속해서 확인할 수 있다. 『세조실록』 7년 8월 28일 기록에는 좌의정 신숙주(申叔舟)와 이조판서 최항(崔恒)에게 명하여, 대마주 태수(對馬州太守) 소시게요시(宗成職)에게 내려 준 다음과 같은 내용의 교서가 적혀 있다.

경의 조부가 대대로 남쪽 변방을 지켜서 나라의 번병(藩屛)이 되었는데, 지금 경이 능히 선조의 뜻을 이어서 더욱 공경하여 게으르지 아니하며 거듭 또 사람을 보내어 작명(爵命)을 받기를 청하니, 내가 그 정성을 아름답게 여겨, 특별히 숭정 대부 판중추원사 대마주 병마도절제사(崇政大夫判中樞院事對馬州兵馬都節制使)를 제수하고, 경에게 기독(旗纛)·금고(金鼓)·궁시(弓矢)·안마(鞍馬)·관복(冠服) 등의 물건을 내려 주니, 경은 이 총명(寵命)에 복종하여 공경하라.

위의 내용을 보면, 대마도에서는 조선 정부의 작위를 받기를 원하였으며 조선에서는 병마도절제사라는 직위를 하사하여 병마를 지휘하도록 하였음을 알 수 있다. 이와 함께 군대의 대장 앞에 세우던 큰 깃발, 북, 활과 화살, 말, 의복 등을 대마도에 보내면서 명령에 복종할 것을 강조하였다.

한편 『연산군일기』 8년 1월 29일의 기록은 다음과 같다.

전일에 본조에서 연회를 베풀 때에도 제포(薺浦)에 머무르는 일본군 구라사야문국조(仇羅沙也文國祚)가 말하기를 "두 나라에서 진실로 마땅히 화친을 해야 할 것인데, 도주의 청구를 요즘에는 따르지 않는 것이 많아서 도주가 실망하고 있으니, 마땅히 경차관(敬差官)을 보내어 도주를 위로하고 회유해야 될 것입니다."라고 하므로 조선의 신이 대답하기를 "너희들이 우리나라의 작명(爵名)을 받고 있으니 편맹(編氓)과 다름이 없는데, 어찌 너의 섬을 가지고 두 나라라고 일컬을 수 있겠는가? 너의 도주는 우리에게 신하라 불리고 있으니, 우리나라의 1개 주현(州縣)에 불과할 뿐이다."

여기에서도 대마도주가 조선 정부에서 작위를 받았으며 이로 인해 조선과 엮인 백성과 다름없다는 내용을 볼 수 있다. 또한 일본에서는 대마도가 조선과 별개라는 주장을 펼쳤지만, 조선 정부에서는 대마도주를 신하로 부릴 뿐만 아니라 대마도가 조선의 1개 고을에 불과하다고 인식한 내용이 담겨 있다.

연산군 이후 중종·인종·명종 대에도 대마도에서는 조선 정부에 사신을 보내고 토산물을 바치는 일을 반복하였다. 게다가 일본 본토의 왜구들이 어떠한 행동을 하고 있는지를 파악하여 조선 정부에 보고하기도 하였다. 『명종실록』 11년 2월 29일의 기록에 "대마도주가 하인 조구(調久)를 보내어 일본의 왜구가 우리나라에서 도둑질하려 한다고 알려 왔다. 경상도 관찰사 조광원(曺光遠)이 그 서계를 받아 치계(상부에 보고서를 올림)하였는데, 정원에 전교하였다."라는 내용을 보면 대마도는 조선의 변방에서 일본의 동향을 파악하는 중요한 전초기지 역할을 수행하였던 셈이다.

명종 대인 1560년대에 들어서서 대마도에 대한 불신이 더욱 심화되었다. 겉으로는 충성을 다하는 척하지만 속으로는 원망을 쌓은 지가 오래되었다는 말이 나돌면서, 조선 조정에서는 대마도에 사신을 보내는 일을 계속할 것인지 아니면 중단할 것인지에 대한 논의가 있었다. 대마도가 거짓을 꾸며 변란을 일으킨 것이 한두 번이 아니었는데 국가에서는 종속 관계를 끊지 않고 회유하는 데 많은 비용이 소요되었다는 주장도 있었다. 조선 정부에서는 대마도가 조선에 가장 가까운 지역에 위치해 있고 복속해 온 지 오래되었으며, 일본은 크더라도 조선과 멀고 대마도는 작더라도 가까이에 있으니 조선과 먼 나라는 소원하게 대하더라도 해로움이 크지 않을 것이지만 가까이에 있는 대마도를 불편하게 하면 후회할 것이라는 의견도 대두되었다. 따라서 조선에서는 대마도를 성심껏 대해 주어 대마도 사람들을 은혜에 감복하게 하면 조선에 무례한 짓을 가하지 않을 것으로 간주하였다. 따라서 당시 대마도는 조선 정부의 경계 대상인 동시에 감싸 안아야 할 대상이었던 것이다.

조선 중기인 1530년대에 저술된 인문지리서인 『신증동국여지승람』「동래현」의 산천조에는 "대마도는 일본의 대마주(對馬州)이다. 옛날엔 우리 신라(계림)에 예속되었는데, 어느 때부터 일본 사람들이 살게 되었는지는 모르겠다."라는 기록이 있다. 즉 대마도는 일본에 속한 대마주이지만 옛날에는 우리 영토에 속하였다는 설명과 함께 동래현의 부속 도서로 간주하였다. 이와 함께 대마도까지의 거리를 비롯하여 대마도의 지리 및 역사, 도주의 변화, 토산품, 풍속, 조선과의 관계 등을 포함하고 있다. 『신증동국여지승람』에 묘사된 대마도의 기록은 다음과 같으며, 신숙주의 『해동제국기』에 나오는 내용과 비슷한 부분이 많다.

곧, 일본의 대마주(對馬州)이다. 옛날엔 우리 신라(계림)에 예속되었는데, 어느 때부터 일본 사람들이 살게 되었는지는 모르겠다. 부산포(釜山浦)의 도유삭(都由朔)으로부터 대마도의 후나코시(船越浦)까지 수로가 대략 670리쯤 된다. 섬은 8군으로 나뉘고 인가는 모든 해안에 인접해 있다. 남북의 길이는 3일 정도, 동서의 길이는 하루, 혹은 반나절 정도의 거리이다. 4면이 모두 돌산이기 때문에 땅은 메마르고 백성은 빈한하며, 소금을 굽고 고기를 잡아다 파는 것을 생업으로 한다. 소씨(宗氏)가 대대로 도주(島主) 노릇을 하였는데, 그 선조인 소케이(宗慶)가 죽고는 아들 레이칸(靈鑑)이 대를 이었고, 영감이 죽고는 아들 사다시게(貞茂)가, 사다시게가 죽고는 아들 사다모리(貞盛)가, 사다모리가 죽고는 아들 시게요시(成職)가 대를 이었는데, 시게요시가 죽고는 후사가 없어서, 정해년에 섬 사람들이 사다모리의 외숙(母弟)인 모리쿠니(盛國)의 아들 사다쿠니(貞國)를 받들어 도주로 삼았고, 사다쿠니가 죽고는 아들 구이모리(杙盛)가 대를 이었다. 군수 이하 토관(土官)들은 모두 도주가 임명하며, 역시 세습이다. 토전민과 염업(鹽業)에 종사하는 사람들을 나누어서 세 번(番)에 소속시키고, 7일 간격으로 교체하여 도주의 집을 모여 지킨다. 군수는 제각기 자기 관할 구역에서 해마다 작황을 조사하여 조세를 조절한 다음, 수확의 3분의 1을 조세로 거둬들이고, 다시 그를 3분하여 두 몫은 도주한테 보내고, 그 한 몫은 자비로 썼다. 도주가 말을 치던 목장이 네 곳이 있었으며, 약 2000여 필이 되었는데, 말은 등이 굽은 것이 많았다. 토산물은 귤과 닥나무뿐이다. 남쪽과 북쪽에 높은 산이 있는데, 모두 천신산(天神山)이라 이름 지어, 남쪽의 것을 자신산(子神山), 북쪽의 것을 모신산(母神山)이라 한다. 풍속이 신을 숭상하여, 집집마다 소찬(素饌)을 차려 제사 지낸다. 산과 내의 초목과 금수는 누구도 감히 침범할 수 없으며, 죄인이 도망쳐서 신당(神堂)으로 들어가면 또한 감히 쫓아가서 잡지 못했다. 이 섬은 해동(海東) 여러 섬들의 요충에 위치했으므로 우리나라에 내왕하는 자는 반드시 경유하는 곳이어서 모두가 도주의 문서를 받은 뒤에야 올 수 있었다. 도주 이하의 사람들이 각기 사선(使船)을 보내오는데 한 해에 일정한 액(額)이 있다. 섬이 우리나라에 가장 가깝고 가난이 극심하므로 매년 쌀을 주는데 차등 있게 하였다. 그 남쪽엔 또 이키 섬(一岐島)이 있는데, 후나코시 포구까지의 거리는 480리이며, 이키 섬에서 하카다(博多)를 경유하여 아카마가세키(赤間關)까지는 또 680리이니, 아카마가세키는 일본의 서해안이다.

일본의 대조선 외교 창구 역할을 하던 조선 후기

일본을 통일한 도요토미 히데요시(豊臣秀吉)는 지방 영주들이 반기를 들고 전쟁을 일으키는 상황을 피하고 중국을 침략하고자 1587년에 대마도를 정복하였다. 그 후 대마도주로 하여금 한양으로 가서 조선 조정에 명나라를 침공하고자 하니 길을 열어 달라는 자신의 의사를 전달하도록 하였다. 그러나 대마도주는 당시 조선으로부터 재정적 지원을 받고 있었으므로, 사실 그대로 조선 조정에 알리는 대신 조선 조정에서 일본에 사신을 보내는 방안을 제안하였다. 조선에서는 1590년에 통신사를 일본에 파견하였으며, 통신사들은 도요토미가 명나라를 치고자 한다는 서한을 조선 조정에 전달하였다. 일본의 침략 가능성에 대해 조선의 통신사 황윤길과 김성일은 서로 다른 의견을 피력하였다. 김성일은 전쟁이 발생할 가능성이 거의 없다고 본 반면, 황윤길은 전쟁이 일어날 것이라고 판단한 것이다.

선조 대인 1592년 4월 13일에 왜구가 조선을 침략해 오면서 임진왜란
이 발생하였다. 당시 부산 첨사였던 정발(鄭撥)은 절영도(지금의 영도)에서
사냥을 하다가 조공하러 오는 왜라 여겨 대비하지 않았고 결국 전쟁 중에
전사하고 말았다. 조선 시대에 군사와 관련한 사무를 관장하던 비변사에
서는 경상도에 출몰한 적들이 대마도에 주둔하던 왜구라 판단하여, 대마
도의 왜적을 소탕하고 왜구와 싸울 것을 조정에 요청하였다.

그러나 100여 년 동안 이어져 온 내전으로 실전 경험을 쌓아 더욱 강력
해진 일본군은 조선군을 맞아 대부분의 전투에서 승승장구하였으며, 7년
간 조선과 일본 사이에는 전란이 계속되었다. 1598년 전쟁이 종료된 직후
조선 조정은 대마도에 대한 대규모의 정벌 계획을 수립하였다. 이 계획은
전라 관찰사로 1596년에 일본에 파견된 동안 대마도에 오랫동안 머물면
서 대마도의 지리와 풍속 등을 꿰뚫고 있던 황신(黃愼)의 주도하에 이루
어졌다. 이를 바탕으로 왜란에 대한 보복 차원에서 대마도 정벌론이 대두
되었던 것이다. 하지만 전쟁으로 국토가 유린되고 엄청난 인명 손실을 겪
었던 조선으로서는 전쟁 종료 후 조선과의 관계 개선을 위해 많은 노력을
했던 대마도에 대해 단순히 일본에 대한 보복의 목적으로 정벌해야 하는
절실한 이유가 없었기에 대마도 정벌론은 흐지부지 되고 말았다. 임진년
(1592) 조선 침공을 위해 도요토미가 제작한 것으로 알려진 『팔도총도』에
는 대마도가 조선의 영토로 명시되어 있다.

임진왜란을 전후하여 대마도는 조선과 일본 사이의 교섭 창구 역할을
하였다. 전쟁 이후에 일본 정국을 장악한 도쿠가와 이에야스(德川家康)는
바쿠후(幕府)를 개설하여 1603년에 쇼군(將軍)이 되었다. 바쿠후 개설에

즈음하여 도쿠가와는 대마도를 통해 조선에 강화 교섭을 실시하였다. 도쿠가와가 대마도주에게 강화 교섭권을 전부 위임하면서 통신사의 파견을 요청하기도 하였다.

대마도가 바쿠후로부터 사이좋게 평화로운 관계를 유지하자는 화호(和好)에 대한 교섭권을 완전하게 위임받은 것은 1603년의 일이다. 『선조실록』 36년 6월 14일에는 대마도 태수 히라요시토시(平義智)가 보낸 서한의 내용이 다음과 같이 기록되어 있다.

일본국 대마도 태수 히라요시토시는 삼가 조선국 예조 대인(大人) 합하(閣下)께 상서합니다. 히라효조(平調信)도 대마도로 돌아왔고, 우리나라의 사세도 전일과 다름없습니다. 두 나라의 화호에 관한 일에 대해서는 저 히라요시토시 이외에는 별로 명령을 받은 사람이 없습니다. 도쿠가와 이에야스의 수압(手押)에도 말하기를 "히라요시토시는 이것으로 증험을 삼아 사람들의 방해를 막도록 하라."라고 했는데, 이 일에 대해서는 반드시 히라효조의 서계도 있었을 것입니다. 삼가 바라건대 귀국은 천조에 품하고서 시급히 신사(信使)를 차출하여 화호하는 증험을 보이는 것이 좋겠습니다. 나머지는 사자 다치바나 도모마사(橘智正)가 구두로 말씀드릴 것입니다. 황송하게 여깁니다. 머리를 조아리며 삼가 말씀드립니다.

이 글에서 보면, 대마도는 더 이상 조선의 땅이 아니다. 대마도가 일본국에 속한 땅이라는 표현과 함께 조선을 '귀국'으로 표현한 것을 보면, 대마도는 임진왜란을 겪은 이후 조선에 귀속된 땅이 아니라는 사실을 확인할 수 있다. 게다가 도쿠가와는 조선에서 통신사가 파견되지 않는 한 대마도의 교섭 행위를 더 이상 허용하지 않겠다고 하였다. 대마도가 도요토미의 요구 사항을 왜곡시켜 조선에 보고하면서 전쟁을 방지하고자 한 것은 대마도 자신을 위한 선택이었을 것이다.

대마도에서 이러한 선택을 한 이유는 조선과의 무역에서 독점적 지위를 유지하고 일본의 대군이 대마도를 유린하며 조선으로 향하는 것을 막기 위해서였다. 그러나 1598년 도요토미가 사망하고 일본군이 조선에서 철수하여 임진왜란이 끝나고 도쿠가와가 일본을 통일한 이후 대마도는 일본 정부에서 공적인 교섭 창구로 이용되었고 본격적으로 일본의 통제를 받기 시작하였다. 임진왜란 이후 일본은 대마도를 그들의 속령으로 다스리기 시작한 것이다. 이러한 과정에서 조선과의 관계도 약화된 것으로 보인다.

대마도주는 조선 정부의 수도서인으로 세견선 및 세사미두의 지원과 왜관 무역을 통해 이익을 창출하면서 외형상으로는 임진왜란 이전과 큰 차이가 없었다. 그러나 내적으로는 큰 변화가 생겼다. 조선과 일본의 교섭에서 대마도가 일본 바쿠후의 감독을 받게 되었다는 점이다. 1600년대 중반 이후 대마도의 조선 외교는 기본적으로 바쿠후의 통제하에 진행되었으며, 왜관 무역이 쇠퇴한 1700년대 중반부터는 바쿠후의 재정적 지원이 보편적인 일이 되어 버렸다. 즉 조선 전기에 비해 대마도의 일본 예속이 더욱 빠른 속도로 진행되었으며, 겉으로는 대마도가 조선과 일본 사이에서 두 국가의 다리 역할을 하는 듯했으나 실제로는 일본의 바쿠후 쪽으로 크게 기울었다. 대마도가 조선 전기에는 조선의 대일 외교 창구 역할을 하였다면, 조선 후기에 들어서서는 도쿠가와 바쿠후(德川幕府,

1603~1867)의 대조선 외교 창구 역할을 한 셈이다.

1643년에 간행된 조경(趙絅)의 『동사록(東槎錄)』에는 "너희 조그마한 대마주(對馬州)는 조선과 일본 사이에 끼어 있으니 모름지기 양편에 충심을 다하여 하늘의 목을 맞이할지라."라는 기록으로 대마도를 설명하였다. 이는 당시만 해도 대마도는 조선과 일본 사이에서 나름의 중립적인 지위를 유지하였음을 시사하는 내용이다. 그러나 영조 대인 1763년에 간행된 조엄(趙曮)의 『해사일기(海槎日記)』에는 "이 대마도는 본래 조선의 소속이었는데 어느 나라 어느 때 일본으로 들어갔는지 알 수 없다."라는 내용으로 대마도가 소개된다. 즉 1700년대 중반에는 대마도가 더 이상 조선의 영토가 아님을 보여 주는 내용이다.

조선 말기로 갈수록 대마도는 일본 땅이라는 관점이 지배적이었던 것 같다. 조선 정부에서 대마도에 보내는 서한이나 대마도에서 조선 정부에 보낸 서한에 상대방의 나라에 대한 존칭의 표현인 '귀국(貴國)'이라는 용어가 빈번하게 사용된 점만 보더라도 대마도와 조선은 더 이상 하나의 나라 또는 조선의 속주가 아님을 의미한다. 또는 조선 정부가 판단하기에 격식에 어긋나거나 무례한 느낌이 드는 대마도주의 행동에 격식을 갖추도록 명하였다는 기록도 있다.

그러나 조선 중기에 제작된 지리지나 지도에서는 대마도를 조선의 영토로 인식한 흔적을 볼 수 있다. 영조 대인 1765년에 전국 각 읍에서 제작한 읍지를 모아 만든 『여지도서(輿地圖書)』「동래」와 순조 대인 1822년에 편찬된 『경상도읍지(慶尙道邑誌)』 등에서는 동래부에 속한 섬의 내용을 기록한 도서조(島嶼條)에 대마도를 포함하였다. 이들 글의 내용은 앞에서 보았던 『신증동국여지승람』에 기록된 대마도에 대한 인식을 약간 보완한

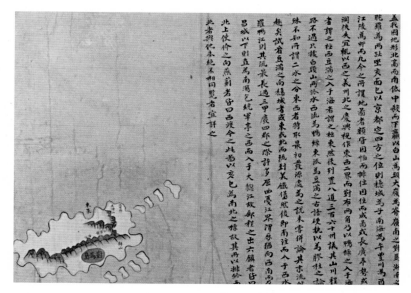

그림 3-21. 「해동지도」, 「대동총도」의 대마도와 설명

정도이다.

1750년에 제작된 『해동지도(海東地圖)』 「대동총도(大東摠圖)」에는 지도의 오른쪽 아래에 설명문이 포함되어 있으며, 대마도에는 '동래(東萊)'라는 지명이 병기되어 있다(그림 3-21). 그 설명문의 맨 오른쪽에는 한반도를 인체에 비유한 유기체적 국토관이 내재되어 있는데, "蓋我國地形 北高而南低中□而下贏以白山爲頭 大嶺爲脊 嶺南之對馬 湖南之耽羅 爲兩趾"라는 내용으로 시작한다. 이는 "백두산은 머리이고 대관령은 척추이며 영남 지방의 대마도와 호남 지방의 탐라(제주도)를 양 발(또는 양 발의 발가락)로 삼는다."라는 의미이다. 우리나라의 북부 지방과 만주 지방을 그려 놓은 『서북피아양계만리일람지도(西北彼我兩界萬理一覽之圖)』의 설명문에서도 이와 유사한 내용을 기록해 놓았다.

대마도는 우리의 땅이고 우리 민족의 한쪽 다리 구실을 하였던 섬이다. 그런데 일본이 대마도를 자기들 멋대로 일본 영토로 편입시켜 버렸다. 우리는 일본이 잘라가 버린 영남 지방에 자리한 우리 영토의 한쪽 발인 대마도를 되찾아야 할 것이다. 우리나라의 역사에서 조선 조정은 대마도를 일본에 어떠한 형태로도 넘겨주거나 양도한 적이 없기 때문이다.

제4장

고지도에 새겨진 우리 땅 대마도

특정 장소에 대한 인식은 주변 지역과 함께 대비하여 볼 수 있는 시각적 자료를 통해 구체화된다. 지도가 가지는 여러 장점 가운데 하나는 중요한 공간 정보를 독자들에게 전달해 주는 것이다. 따라서 지표상의 지리적인 현상과 분포 형태를 상대방에게 인식시키는 데 있어서 지도보다 더 효율적인 도구는 없다. 지도는 위치와 더불어 장소라는 개념을 가지며 그 속에서 살아가는 인간과 자연 간의 상호작용을 파악할 수 있게 해 준다.

우리나라에서는 선사 시대부터 바위에 암각화를 새겨 지도의 요소를 나타내기도 하였고, 삼국 시대와 고려 시대를 거치면서 다양한 지도를 제작하였다. 그러나 안타깝게도 고려 시대 이전 우리 선조들의 장소관이나 세계관을 보여 줄 수 있는 옛 지도는 현존하는 것이 거의 없다.

조선 전기에는 전국지도와 함께 여러 지방의 지방도가 집중적으로 제작되었는데, 지도 전문가인 정척과 양성지에 의해 지도 제작 기술이 발달하였다. 이들은 국경 지대의 방어용 군사 시설에 대한 지도를 많이 제작하였다. 전국지도에는 선조들의 국토 인식, 사상 체계가 반영되어 있음은 물론이고 그러한 표현을 가능하게 했던 과학 기술, 지도 제작 수준, 사회적 수요와 분위기, 사상적 공감대 등이 반영되어 있다. 조선 중기에 임진왜란, 병자호란과 같은 대규모 전쟁을 겪으면서 많은 문화유산을 잃어버린 까닭에 현재까지 남아 있는 조선 전기의 지도도 극히 적다.

우리나라의 지도 제작 기술은 조선 후기인 18세기에 비약적으로 발전하였다. 조선 전기와 달리 대축척지도의 제작이 가능해졌고 군현도, 관방도, 산성도 등 국가 통치와 관련된 지도가 주로 제작되었다. 또한 방안도법과 좌표기입법이 도입되어 해안선이 정확해지기 시작하였으며, 그림 그리는 것처럼 지도를 제작하는 회화식(繪畫式) 지도가 발달하였다. 그리고 목판본 지도의 발달로 민간에도 지도의 보급이 확대되었으며, 서양 지도의 유입으로 세계관을 확대시킬 수 있는 계기가 되었다. 이러한 배경하에 조선 후기의 지도는 산업 및 문화에 대한 관심을 반영하여 산맥과 하천, 포구, 도로망 등을 이전보다 훨씬 정밀하게 표기하였다.

조선 후기의 지도 제작 수준은 영조 대의 정상기와 그의 아들 항령에 의해 크게 향상되었다. 정상기는 최초로 백리척(100리를 1척으로 간주)을 사용하여 지도 제작의 과학화에 기여하였다. 그는 또 국토를 살아 있는 생명체로 간주하여 백두산을 사람의 머리로 보고 백두산에서 뻗어 내린 백두대간을 척추, 제주도와 대마도를 두 다리에 비유하였다. 우리는 그의 지도에서 우리 민족의 대마도에 대한 인식의 단면을 엿볼 수 있다.

조선 시대의 대마도에 대한 인식은 조선 전기에서 후기로 접어들면서 변화하였다. 특히 임진왜란 이후 일본 정부의 영향력이 강해지기 시작하면서 기존에 형성되어 있던 조선의 영토라는 인식이 약화된 반면, 일본의 영토이지만 정치적으로나 경제적으로는 조선에 종속되어 있다는 양속성의 관점이 강해졌다. 이와 같은 인식은 조선 시대에 작성된 문헌류는 물론 지도류에서도 명확하게 확인된다. 특히 조선 후기 들어 대마도가 일본의 영토라는 의미의 '일본계(日本界)'라는 표현을 지도 상에 직접적으로 구체화하였음에도, 대마도를 우리나라의 지도에 포함시킨 것은 옛날 영토라는 고토(古土) 의식이 반영된 결과라 할 수도 있다.

조선 후기에는 통신사를 통해 일본 지도가 조선에 전해지면서 매우 사실적이고 객관적인 지도가 복사되거나 모사되었다. 이에 따라 대마도에 대한 인식도 보다 정확해진다. 조선 후기에서 근대로 올수록 지도에서 대마도를 '일본계'라고 표시하는 것이 일반화되어 갔는데, 이는 대마도가 조선과 일본 사이의 경계에 해당하지만 실질적으로는 일본에 속해 있음을 보여 주는 것이다. 지도의 정확성이 높아진 개화기인 1899년의 『대한전도(大韓全圖)』나 1908년의 『대한제국지도(大韓帝國地圖)』 등에서는 대마도가 일본에 속해 있으며, 일본 영토라는 사실이 명확하게 표시된다. 대마도가 일본의 부속 영토라는 사실을 그대로 받아들여야 할 것인가?

이 장에서는 대마도가 우리의 영토로 표기된 조선 시대 이후의 지도를 시기별로 나누어 고찰하였다. 우리나라에서의 지도 제작은 18세기 들어서면서부터 활발해졌기 때문에, 1700년대에 제작된 지도가 많다. 따라서 시기 구분은 18세기 이전, 18세기, 19세기로 하였으며, 여기에 외국에서 제작된 지도도 일부 포함하였다.

18세기 이전의 지도

　　『혼일강리역대국도지도』는 '세계의 영토와 대대로 내려온 나라의 수
도'를 그린 지도이다. 우리나라를 비롯하여 중국, 일본 등의 동아시아와
시베리아 대륙, 동남아시아, 인도(대륙선 없음), 아라비아 반도, 아프리카,
유럽의 일부까지 그렸다(그림 4-1). 동양에서 현존하는 가장 오래된 세계지
도로서, 시대의 변천에 따라 여러 번 다시 그려졌다. 그러나 우리나라에
남아 있는 지도는 없고 모두 일본으로 유출되어 교토의 류코쿠 대학(龍谷
大學)에 소장되어 있는 원본 지도를 다시 그린 것이다.

　　최근에는 컴퓨터를 이용하여 이 지도를 모사한 지도가 많다. 여기에 제
시한 부분은 그 가운데 하나로, 대마도가 포함된 남해안 일대만을 나타내
었다(그림 4-2). 낙동강 물줄기와 그 주변을 감싸고 있는 백두대간 산줄기
가 뚜렷하게 그려져 있으며, 낙동강의 하구로는 남해안 일대의 주요 섬이
표시되어 있다. 위치 정보는 다소 정확하지 않지만, 거제도의 남쪽으로
대마도의 위치는 비교적 정확하게 나타나 있다. 대마도의 모양은 조선 초
기에 우리나라의 지도에 표현된 것과 동일하게 서쪽의 아소우 만 일대가
움푹 파인 형태로 묘사되었다.

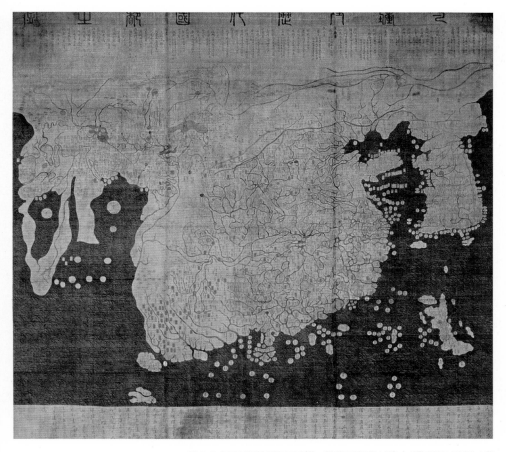

그림 4-1. 『혼일강리역대국도지도(混一疆理歷代國都之圖)』 | 서울대학교 규장각 소장

그림 4-2. 『혼일강리역대국도지도』의 대마도 일대

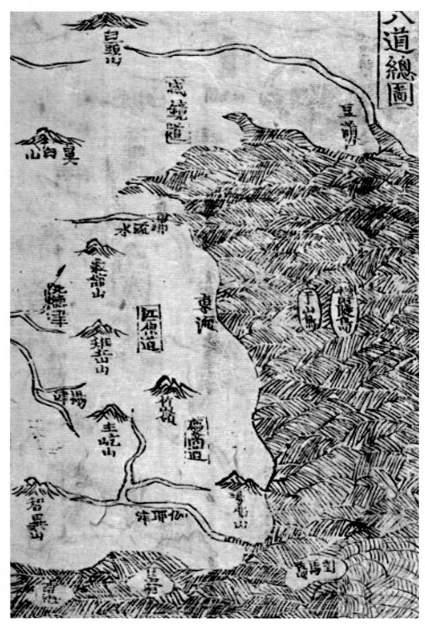

그림 4-3. 『동국여지승람(東國輿地勝覽)』「팔도총도(八道總圖)」 | 서울대학교 규장각 소장

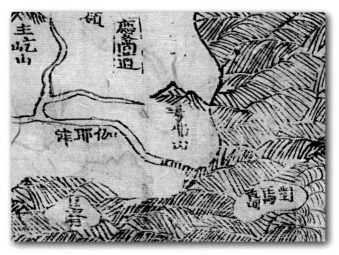

그림 4-4. 『동국여지승람』「팔도총도」의 대마도 일대

    ˇˇ 이 지도는 두 장의 목판에 한반도의 동쪽 부분과 서쪽 부분을 나누어 새겨 넣은 지도로서, 여기에서는 그 가운데 한반도의 동쪽 부분을 제시하였다(그림 4-3). 전체 지도의 모양은 동서로 부풀려져 있고 남북으로 압축되어 있는 모습이다. 백두산을 비롯한 한반도의 주요 명산과 두만강을 비롯한 주요 하천의 명칭을 확인할 수 있다. 조선 팔도의 지방 명칭은 사각형 안에 표기하였으며, 동해라는 명칭도 명확하게 표기되어 있다.

    이 지도에는 한반도의 주요 도서를 함께 그려 넣었으며, 울릉도와 독도(지도에서는 우산도)는 물론 낙동강 하구의 동남쪽으로는 대마도가 뚜렷하게 나와 있다. 대마도의 크기와 방향이 실제와는 다소 차이를 보이는데 (그림 4-4), 이는 지도 제작 기술이 부족했던 조선 시대 지도의 공통적인 특징이다. 조선 시대의 목판본 지도에서는 바다를 지도에서 보는 바와 같이 출렁거리는 물결 모양으로 새겨 넣은 것이 특징이기도 하다.

그림 4-5. 『동국지도(東國地圖)』| 국사편찬위원회 소장

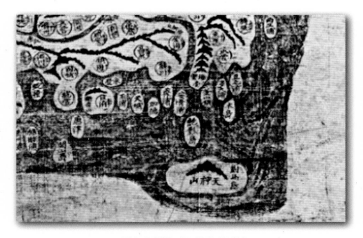

그림 4-6. 『동국지도』의 대마도 일대

　¨　조선 초기인 1463년(세조 9)에 정척과 양성지 등이 왕의 명령을 받아 그린 지도로, 각 수령에게 그 지방의 위치, 산맥의 방향, 인접 지방과의 접경 등을 자세히 그리도록 하였다. 당시에 그려진 원도는 전하지 않는다. 천문학과 지도 제작 기술 발달의 성과를 종합한 과학적인 지도로 평가된다.

　백두산에서 시작하여 금강산과 태백산을 지나 지리산까지 이어지는 백두대간을 비롯한 한반도의 산줄기를 표시한 동시에 산줄기 사이로 이어지는 하계망의 모양도 개략적으로 확인할 수 있다(그림 4-5). 한반도의 영토에 해당하는 부속 도서에 이르는 부분의 바다는 검정색으로 칠하여 우리의 영토임을 명확히 하였다.

　대마도는 지도의 오른쪽 아래에 포함되어 있다. 부산과 대마도 사이에는 절영도(지금의 영도)와 목도 등이 표기되어 있다. 대마도는 온전한 해안선으로 그려졌으며, 섬의 중앙에는 산 표식이 있다(그림 4-6). 산의 명칭은 도요타마마치에 있는 천신산으로 기록되어 있다.

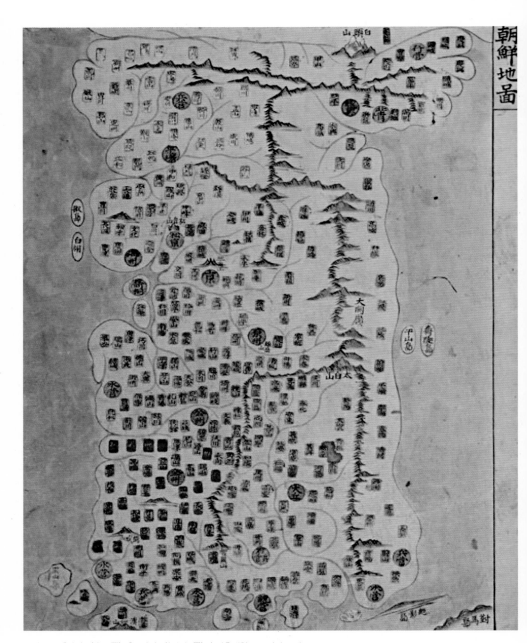

그림 4-7. 『광여도(廣輿圖)』「조선지도(朝鮮地圖)」| 서울대학교 규장각 소장

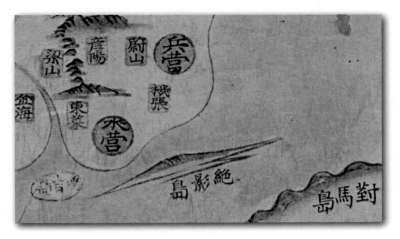

그림 4-8. 「광여도」의 대마도 일대

ᆢ 조선 초기의 유형에 해당하는 지도라 할 수 있는 조선전도이고, 지도에 등장하는 지명들이 16세기 말에서 17세기 중반의 것들이라는 점을 통해 지도의 제작 시기를 짐작할 수 있다. 경상도를 둘러싸는 듯한 산줄기는 태백산에서 분기하여 서쪽으로 뻗은 백두대간과 남쪽으로 뻗은 낙동정맥이다(그림 4-7). 지금의 부산에 설치되었던 수영을 비롯하여 울산에 설치되었던 병영을 확인할 수 있다. 또한 동래, 기장, 양산, 울산 등의 군현과 함께 낙동강 서쪽의 김해, 웅천 등지도 등장한다.

낙동강의 하구에는 하중도인 명지도가 그려져 있다. 부산 남쪽 바다에는 절영도가 산의 모양을 한 상태로 그려져 있고, 절영도의 동남쪽으로 대마도를 그려 넣었다(그림 4-8). 대마도의 해안선이 온전하게 그려지지 않았지만, 섬의 험준한 산줄기를 비교적 정교하게 묘사하였으며 봉우리의 방향은 절영도 및 백두대간에 포함된 산의 봉우리와 같이 북쪽 방향으로 그려져 있다.

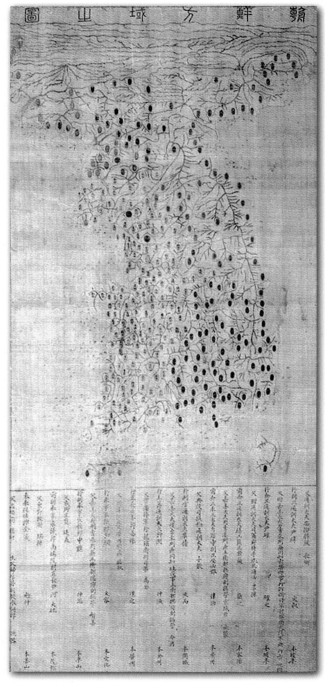

그림 4-9. 『조선방역지도(朝鮮方域之圖)』 | 국사편찬위원회 소장

¨ 조선 전기에 그려진 우리나라 지도로, 조선팔도의 진상품을 파악하기 위해 제작한 듯하다. 3단 형식으로 되어 있으며, 상단에는 제목이 쓰여 있고 중앙에 조선전도를 그려 넣었으며 하단에는 지도 제작에 관련된 사람들의 관직과 성명 등이 기록되어 있다. 이 지도는 1557~1558년경에 제작된 것으로 추정되며, 임진왜란 때 일본에 유출되어 대마도 소씨 집안에 보관되어 있던 것을 1930년대에 입수하였다. 1989년 8월 1일에 국보 제248호로 지정되었다. 조선 전기에 제작된 지도 가운데 가장 정확하다.

조선팔도의 군현과 수영 및 병영이 표시되어 있는데, 각 군과 현마다 다른 색을 칠하여 구분이 쉽게 하였다(그림 4-9). 산과 하천의 경계도 비교적 정확하게 묘사하여 현대의 전국지도 모습과 대체로 비슷하다. 동쪽의 울릉도는 나타나지 않았지만, 만주와 대마도를 우리 영토로 표기한 것에서 조선 전기의 영토의식을 엿볼 수 있다. 각 군현은 도별로 다르게 채색되었는데, 경상도는 붉은색으로 표현하였다. 지도의 오른쪽 아래에 그려져 있는 대마도의 남쪽에도 붉은색의 표시가 선명하게 남아 있다. 대마도의 모습은 조선 전기에 그려진 다른 지도와 유사하게 오른쪽이 볼록하고 왼쪽이 오목하다. 대마도 서쪽의 아소우 만을 제대로 인식하고 있었음을 보여 준다. 이와 함께 대마도의 남쪽에서부터 북쪽에 이르기까지 연속적인 산줄기로 묘사하여, 대마도의 실제 모습과 매우 흡사하게 그려졌다.

이 지도에는 울릉도와 독도가 표시되지 않았다. 해안선 주위의 조그마한 섬들까지도 거의 표시하였는데, 울릉도와 독도가 빠진 이유는 지도에서 지워졌을 가능성이 크다. 오랫동안 대마도에 보관되어 있었기 때문에 일본에서 울릉도와 우산도(독도)를 지웠을 것이라는 추측이다. 지도를 유심히 관찰하면 두 섬을 지운 흔적이 보인다.

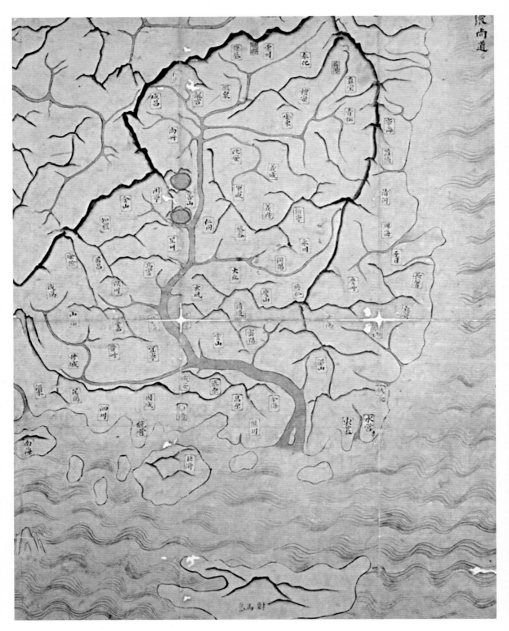

그림 4-10. 『삼한일람도(三韓一覽圖)』 (古 4709-104) 「경상도」 | 서울대학교 규장각 소장

그림 4-11. 『삼한일람도』의 대마도 일대

ᆢ지금의 경상도를 그린 지도이지만 경상도 주변에 자리한 지방의 일부도 함께 나타나 있다(그림 4-10). 지도마다 테두리가 없는 점이나 지도의 채색 상태로 보아 원래 한 장으로 된 지도를 잘라서 지도책을 만들었을 가능성도 배제할 수 없다. 편찬 시기는 17세기 말로 추정된다. 지도에서는 지금의 부산에 해당하는 동래와 수영이 뚜렷하게 나타나 있고 낙동강의 서쪽으로는 김해, 웅천, 창원 등지가 기록되어 있다. 남해안에 있는 섬 가운데에는 당시 읍치가 존재하였던 거제도에 거제라는 지명을 표기하였다.

대마도는 낙동강 하구의 남쪽에 그려져 있다(그림 4-11). 대마도까지의 실제 거리는 부산에서 가장 가깝지만 조선 시대에는 부산을 비롯한 창원, 거제 등지에서도 대마도를 명확하게 인식하였다. 대마도의 중앙부에는 산줄기를 그려 넣음으로써 대마도에 산지가 많다는 사실을 나타내 주었다. 대마도 서쪽에 해당하는 한반도 방향의 해안선이 매우 복잡한 반면 대마도 동쪽에 해당하는 일본 방향의 해안선은 상대적으로 단조롭다는 정보까지 확인이 가능하다. 대마도가 실제보다 크게 그려진 것은 조선 전기의 지도에서 일반적으로 볼 수 있는 현상이다.

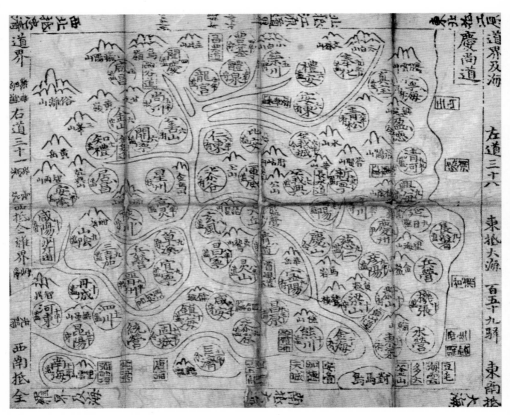

그림 4-12. 『지도(地圖)』, 「경상도」 | 서울대학교 규장각 소장

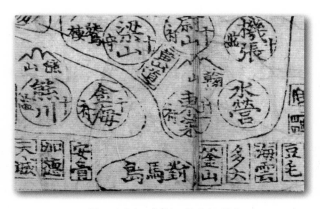

그림 4-13. 「지도」 「경상도」의 대마도 일대

　　¨ 조선팔도 가운데 「경상도」 지도로, 『동람도』의 도별 지도와 비슷한 양식인 하천을 중심으로 그려져 있다(그림 4-12). 지도에 등장하는 지명을 통해 보면 이 지도의 제작 시기는 17세기 중후반으로 추정된다. 「조선지도」와 거의 일치하는 지도이지만, 약간의 차이점을 지닌다. 이 지도에서는 일부 산의 지명을 산으로 끝나게 하였지만, 「조선지도」에서는 그렇지 않다. 예컨대, 지도 왼쪽 상단의 속리산이 「조선지도」에서는 '속리'로만 표기되었다. 지도의 오른쪽 윗부분에 '경상도'라는 명칭이 포함된 것도 「조선지도」와의 차이점이다.

　　경상도를 가로지르는 낙동강 물줄기가 뚜렷하게 보이는 가운데 각 군현의 명칭을 확인할 수 있다. 부산의 수영과 울산의 병영도 표기되었다. 부산 앞바다에는 해안가의 마을 이름과 지명이 기록되어 있다. 낙동강 하구에는 대마도가 표시되어 있는데, 대마도 섬의 모습은 온전한 해안선의 모습을 보여 주지 않는다(그림 4-13). 그럼에도 대마도를 남해안에 가깝게 위치시킨 것은 당시 대마도를 조선의 영토로 인식하였음을 보여 준다.

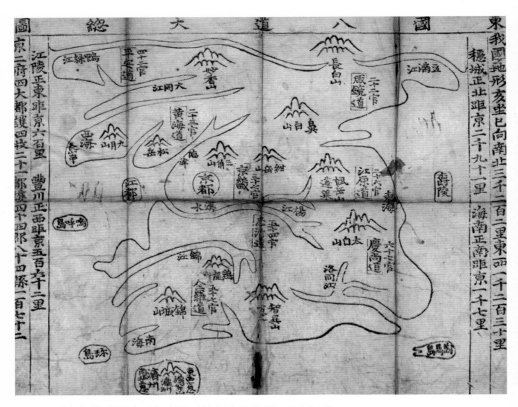

그림 4-14. 『지도(地圖)』, 「동국팔도대총도(東國八道大總圖)」 | 서울대학교 규장각 소장

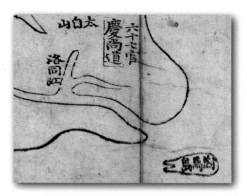

그림 4-15. 「동국팔도대총도」의 대마도 일대

  ¨ 지도책에 수록되어 있는 「동국팔도대총도」의 전체적 윤곽 및 형태
는 『동람도』에 수록된 「팔도총도」를 따르고 있다. 즉 한반도의 모양이 동
서로 부풀려져 있고, 남북으로는 함축되어 있는 모습이다(그림 4-14). 특히
「팔도총도」처럼 북부 지방이 남부 지방에 비해 매우 작게 그려져 있으며,
압록강과 두만강이 거의 수평에 가깝게 그려져 있어 당시의 변경 지역에
대한 인식이 상대적으로 낮았음을 알 수 있다. 지도의 오른쪽과 왼쪽에는
설명문이 기록되어 있는데, 한반도의 위치와 크기 및 당시 조선에서 관리
가 파견되던 행정단위의 숫자가 기록되어 있다. 각 도의 명칭 옆에는 관
할하는 관아의 총수가 기록되어 있어 경상도에는 모두 67개의 관아가 있
었음을 알 수 있다. 경상도를 가로지르는 낙동강만이 표기되어 있고, 북
쪽에는 태백산이 그려져 있다.

  부산 앞바다에는 대마도가 그려져 있는데, 해안선의 모양은 당시 대마
도의 모양과 일치하지는 않지만 섬의 서쪽 해안가에 만입부가 형성되어
있는 지리 정보는 확인이 가능하다(그림 4-15). 대마도라는 명칭 이외에는
아무런 지명이 표기되어 있지 않다.

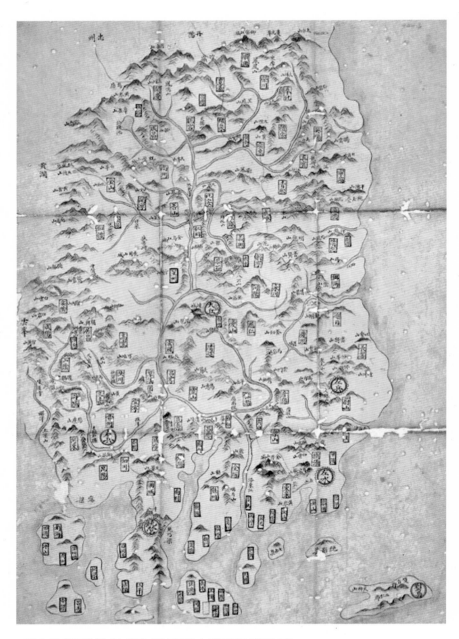

그림 4-16. 「지도(地圖)」 (古 4709-92) 「경상도」 | 서울대학교 규장각 소장

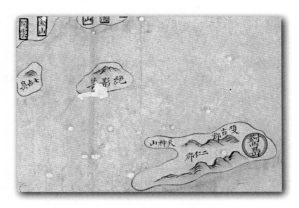

그림 4-17. 「지도」「경상도」의 대마도 일대

　　지금의 경상도 일대를 그린 지도이다. 전체적인 윤곽은 『신증동국여
지승람』의 내용을 보완하기 위해 제작된 『동람도』의 각 도별 지도와 유사
하지만, 산지 표현 방식은 정상기가 제작한 『동국지도』와 유사하게 산을
연속하여 그림으로써 하나로 연결된 산줄기를 연상하게 하였다. 해안가
에 자리한 마을의 지명을 상세하게 기록해 놓았으며, 지금의 부산에는 좌
수와 동래가 보이고 해안가에 부산, 두모, 서평, 다대 등의 마을이 나타나
있다(그림 4-16). 부산 앞바다에는 절영도가 산줄기와 함께 그려져 있다.

　　대마도는 실제의 모습과 매우 흡사하게 ㄱ 모양을 취하고 있으며 내륙에
는 산줄기가 포함되었다(그림 4-17). 대마도의 행정구역 명칭으로 이인군(二
仁郡)과 쌍고군(雙古郡)이 기록되었다. 여기에서 이인군은 지금 도요타마
마치의 중심지인 니이(仁位) 일대이다. 대마도의 서쪽에는 천신산(天神山)
이 표기되어 있는데, 이 산은 도요타마마치의 한복판에 있는 산으로 대마
도의 고사기에 등장하는 삼신 가운데 하나를 발견한 산이다. 천신산은 백
산(白山)을 의미하기도 하며 우리 민족을 일컫는 배달을 뜻하기도 한다.

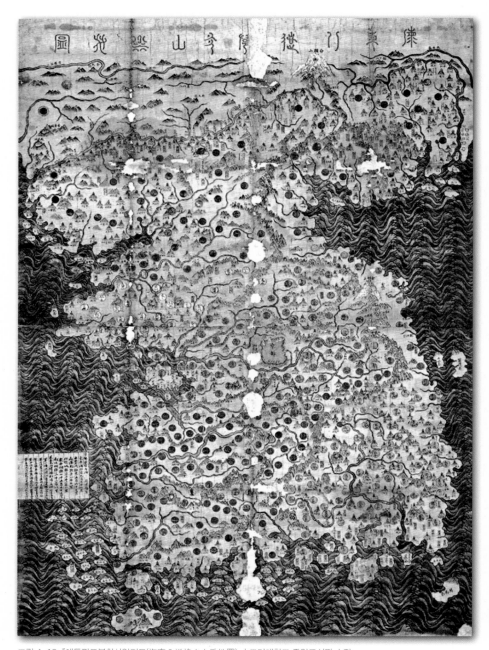

그림 4-18. 『해동팔도봉화산악지도(海東八道烽火山岳地圖)』 | 고려대학교 중앙도서관 소장

" 이 지도는 전국 팔도에 있는 봉수대를 표시한 지도이다(그림 4-18). 각 지방별로 백색, 적색, 황색, 갈색, 녹색, 청색의 동그라미 안에 지명을 기록하였다. 전국에 분포되어 있는 봉수대는 산봉우리 위에 촛불처럼 그려져 있는데, 압록강과 두만강의 국경 지대 및 경상도에 밀집되어 있다. 각 지방의 읍치와 도서 지역을 비롯하여 산줄기를 비롯한 산봉우리, 하계망 등이 자세하게 묘사되었다. 바다는 파도를 사실적으로 그려 넣어 독특하면서도 매우 실감나게 그려져 있다.

　이 지도의 제작 시기는 1652년(효종 3)에 황해도 강음(江陰)과 우봉(牛峰)이 합쳐져서 이루어진 김천(金川)이라는 지명이 있고, 1712년(숙종 38)에 건립된 백두산 정계비가 보이지 않는 것으로 보아 17세기 후반에서 18세기 초로 추정된다. 이 지도는 대한민국의 보물 제1533호로 지정되었다.

　대마도는 지도의 오른쪽 아래에 그려져 있다. 대마도에는 봉수대가 설치되지 않았지만 섬의 명칭을 명확히 기입하였고 초록색으로 산지까지 표기해 놓았다. 이를 통해, 대마도가 우리나라의 영토로 간주되었음을 알 수 있다. 대마도의 모습은 섬의 오른쪽이 볼록하게 튀어 나와 있어서 지금의 아소우 만까지 인식하고 그린 지도임을 보여 준다. 한반도의 산은 산줄기로 표현되었지만, 대마도의 산악 지형은 산줄기의 모양이라기보다 고립된 산의 형태로 그려졌다.

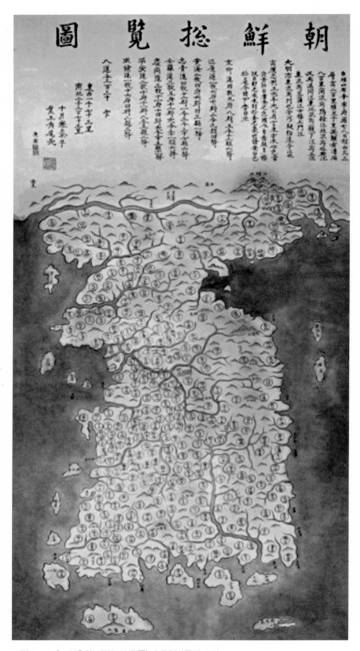

그림 4-19. 「조선총람도(朝鮮總攬圖)」| 국립박물관 소장

그림 4-20. 「조선총람도」의 대마도 일대

　　˙˙ 17세기 말에 그려진 지도이다. 한반도의 모습은 남부 지방은 비교적 정확하지만, 북부 지방으로 갈수록 실제보다 작고 좁게 그려진 느낌이다 (그림 4-19). 백두산에서 발원한 압록강과 두만강의 경계를 넘어 지금의 중국에 포함되는 간도 일대도 포함되었다. 우리나라의 영토에 해당하는 주요 섬들이 명확하게 그려져 있다. 한강, 낙동강, 금강 등의 주요 하천을 따라 이어진 하계망은 정확하게 그려져 있지만, 산줄기는 비교적 정확도가 떨어진다. 지도에는 각 군현의 명칭을 원 안에 적어 넣었다. 지금의 부산 지방에는 수영, 동래 등의 지명과 함께 바닷가에 부산포와 두모포의 포구 취락을 표기해 놓았다.

　　대마도는 가덕도의 남쪽 바다에 그려져 있다(그림 4-20). 섬의 해안선은 온전하게 그려져 있지만, 전체적인 섬의 형상은 실제와 다소 다르다. 특히 대마도의 서쪽 해안에 형성된 아소우 만이 이 지도에서는 동쪽 방향을 향하도록 그려져 있다.

2

18세기의 지도

    오른쪽에 제시된 『여지도』는 나무를 깎아 판화의 형태로 그린 지도이다. 조선 후기에 유행했던 지도 제작 방법으로, 하계망을 중심으로 각 군현의 진산을 배치하였고, 산의 모습도 산줄기가 아닌 독립적인 산봉우리의 모양으로 표현하였다. 「경상도」 지도는 남북으로는 축소되어 있고, 동서로는 확장되어 그려졌다(그림 4-21). 『동국여지도』와 동일한 지리 정보를 포함하고 있으며, 두 지도의 차이점은 산의 명칭이 산 표식의 하단에 별도로 표시된 정도이다. 하천은 『동국여지도』에서는 바다와 동일하게 검정색으로 표기되었지만, 이 지도에서는 하얀색으로 표기되었다.

    낙동강의 동쪽에는 동래와 수영이 표기되어 있으며, 앞바다에는 부산, 다대, 해운, 두모 등의 지명이 표기되어 있다. 대마도는 낙동강 하구에 거의 온전한 형태의 섬으로 그려져 있다(그림 4-22). 경상도에는 산이 그려져 있지만 대마도에는 산이 전혀 표시되지 않았다.

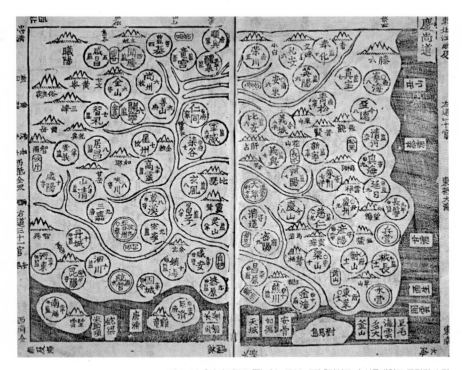

그림 4-21. 『여지도(輿地圖)』 (古 4709-58) 「경상도」 | 서울대학교 규장각 소장

그림 4-22. 『여지도』 「경상도」의 대마도 일대

그림 4-23. 「여지도(輿地圖)」(고 4709-68) 「동래부」| 서울대학교 규장각 소장

그림 4-24. 『여지도』「동래부」의 대마도 일대

      이 지도는 경상도 가운데 동래 지방을 그린 지도이다(그림 4-23). 『해동지도』의 「동래부」 지도와 전체적인 구도가 비슷하며, 일부에서는 잘못적힌 지명이 보이기도 한다. 『해동지도』에 비해 남북의 길이가 더 짧게 그려졌는데, 이 과정에서 일부 지역의 모습이 달라졌다. 가장 많은 차이가 나는 곳은 남쪽의 해안가이다. 이로 인해 해안선이나 섬에 대한 표현이 실제와 일치하지 않는 경우가 있다. 해운대를 비롯하여 오륙도, 동백도, 절영도, 태종도 등 섬에 관한 정보는 비교적 잘 표현되어 있다.

    대마도는 지도의 오른쪽 아래에 섬 전체를 그리지 않고 산줄기를 이용하여 일부만을 묘사하였다(그림 4-24). 그리고 해운대나 오륙도에서의 거리가 지나치게 가깝게 나타난 특징이 있다. 대마도에 그려진 산줄기는 좌우에서 중앙으로 향할수록 높아지는 듯하게 묘사되었으며, 중앙부에 고도가 가장 높은 험준한 산줄기가 매우 실감난다.

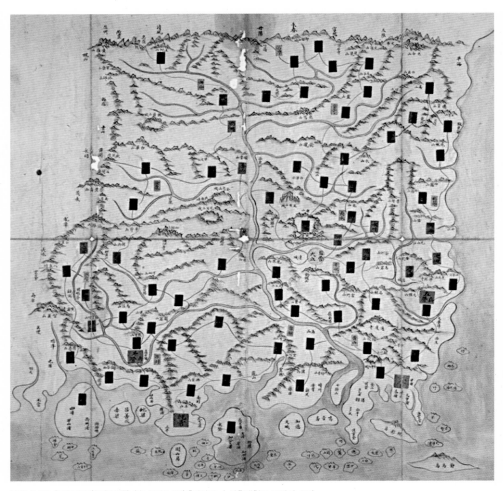

그림 4-25. 「관동지도(關東地圖)」(古 4709-35) 「경상도」 | 서울대학교 규장각 소장

그림 4-26. 「관동지도」「경상도」의 대마도 일대

  ¨ 조선 시대에 유행한 『동람도』 유형의 채색 필사본 지도책에 수록된
「경상도」 지도이다(그림 4-25). 전체적인 윤곽은 『신증동국여지승람』의 내
용을 보완하는 의미의 부도로서 제작된 『동람도』에 수록되어 있는 각 도
별 지도와 유사하다. 그러나 산을 연속하여 그림으로써 하나로 연결된 산
줄기를 연상하게 한다. 파란색 사각형으로 그려진 좌수영의 북쪽으로, 동
래를 비롯하여 기장과 양산 등지가 도로로 연결되도록 표시하였다. 부산
의 해안에는 많은 지명이 삽입되어 있는데 부산이라는 지명과 함께 주변
으로 서평, 왜관, 다대, 해운대, 감포 등이 기록되었다.

  해운대 서쪽으로는 절영도가 높은 산으로 이루어져 있는 것으로 묘사
되었다. 대마도는 지도의 오른쪽 아래에 부산의 해운대나 절영도에 아주
가깝게 위치하고 있으며, 험준한 산줄기 표시와 함께 온전한 해안선으로
그려져 있다(그림 4-26). 섬의 모양이 실제와 일치하지는 않는다. 대마도의
산줄기가 절영도를 비롯한 내륙의 다른 산줄기와 같은 방향으로 그려져
있다는 것은 대마도를 우리나라의 영토로 간주하였음을 시사한다.

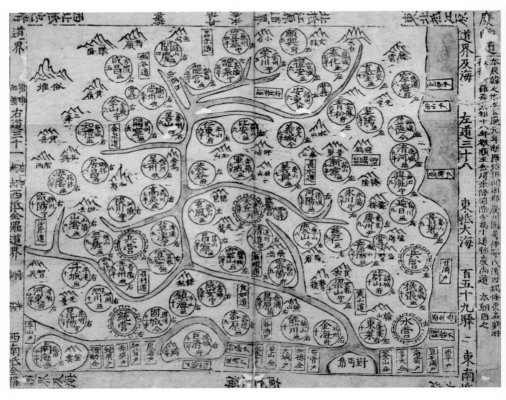

그림 4-27. 「조선지도(朝鮮地圖)」(古 4709-32) 「경상도」| 서울대학교 규장각 소장

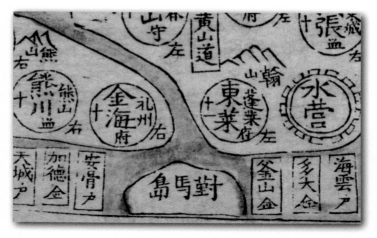

그림 4-28. 「조선지도」 「경상도」의 대마도 일대

　‥『조선지도』에 수록되어 있는 도별 지도 가운데 경상도를 그린 지도이다(그림 4-27). 지도의 전체적 형태 및 내용은 다른 도별 지도와 마찬가지로『지도』와 매우 유사하다. 낙동강 물줄기를 끼고 있는 백두대간 남쪽의 영남 지방을 그린 지도로, 지도의 북쪽에는 백두대간을 형성하는 산줄기가 이어져 있고 중앙부에는 영남 지방을 관통하는 낙동강이 그려져 있다.

　낙동강 하류에는 수영, 동래, 김해 등지가 묘사되어 있으며, 낙동강이 남해와 만나는 곳에 대마도가 그려져 있다(그림 4-28). 이는 대마도의 위치 관계를 제대로 인식하지 못하였기 때문이 아니라 조선 시대의 지도에서는 일반적으로 섬의 위치를 대략적으로 표시하였기 때문이다. 남해안의 주요 도서인 거제와 남해는 섬의 형태가 제대로 그려지지는 않았지만, 섬 내에 있는 산의 명칭까지 기록하였다. 대마도는 지도의 여백이 있는 자리에 섬의 명칭을 표기하였지만, 산이 없는 것처럼 묘사되었다.

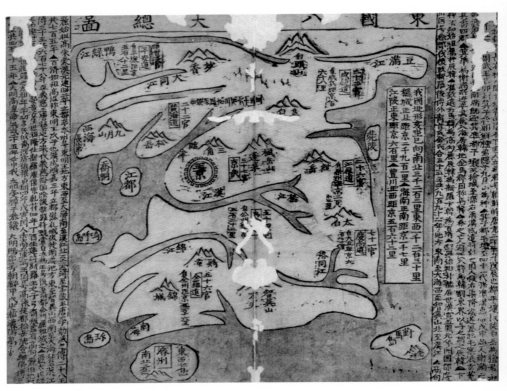

그림 4-29. 「조선지도(朝鮮地圖)」, (古 4709-32) 「동국팔도대총도(東國八道大總圖)」 | 서울대학교 규장각 소장

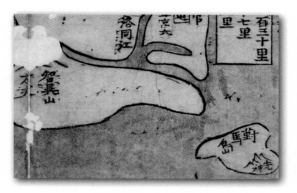

그림 4-30. 「조선지도」 「동국팔도대총도」의 대마도 일대

　‥『지도』에 수록된 「동국팔도대총도」와 전체적인 형식 및 내용이 거의 비슷하다. 두 지도는 유사하기는 하지만 『지도』의 오류가 수정된 부분이 있고, 내용이 첨가 또는 생략된 부분도 있다. 지도의 왼쪽과 오른쪽으로는 당시의 조선에 대한 지리 정보 및 설명을 기록하였으며 한반도 동쪽의 동해에 그려진 사각형 안에는 우리나라의 지리 정보에 대한 간략한 내용이 포함되었다(그림 4-29). 도읍지에서 동서남북 정방향 끝 지점까지의 거리를 기록해 놓았다. 지도에는 백두산을 비롯한 명산의 명칭과 함께 중국과 국경을 이루는 압록강 및 두만강을 포함한 주요 하천의 이름이 기록되었으며, 울릉도를 비롯한 몇 개의 중요한 섬을 표기하였다.

　낙동강 하구에는 온전한 해안선의 형태를 갖춘 대마도가 그려져 있으며 산이 있음을 보여 주는 표식을 함께 그려 놓았다(그림 4-30). 대마도에는 산의 명칭으로 선신(先神)이라는 표기가 있는데, 이는 지금 대마도의 도요타마마치(豊町)에 있는 천신산(天神山)의 명칭에서 '천신'의 한자 표기를 잘못 옮긴 것이다.

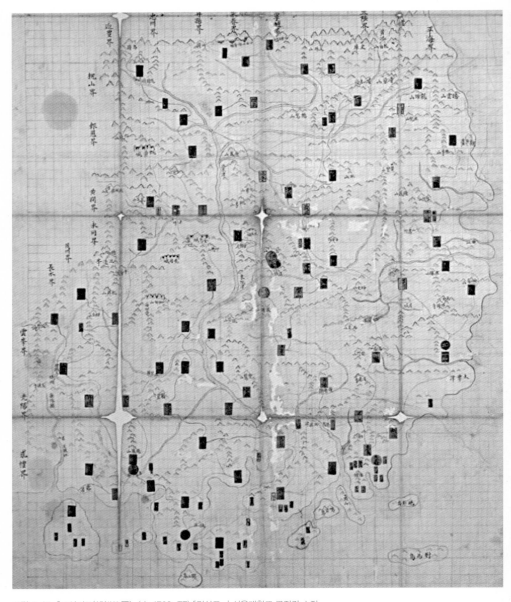

그림 4-31. 『조선지도(朝鮮地圖)』(古 4709-77)「경상도」| 서울대학교 규장각 소장

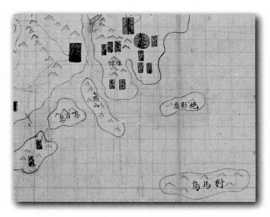

그림 4-32. 『조선지도』 「경상도」의 대마도 일대

    ¨ 이 지도의 특징은 약 1.1cm 크기의 방안이 동서와 남북으로 각각 56개와 72개가 그려져 있는 것이다. 방안 1개의 거리는 10리로 추정된다. 임진왜란과 병자호란 이후 대규모 외적의 침입에 대한 방어 체제에서 중요하게 인식된 대형 산성의 정보가 자세히 수록되어 있다(그림 4-31). 경상도의 주요 군현과 군현 사이를 연결하는 교통로를 주황색 실선으로 그려 넣었고, 방안을 사용하여 거리 관계를 비교적 정확하게 인식하였다. 지금의 부산 일대에는 일본인이 머물던 초량왜관이 표기되어 있고 주요 중심 취락의 명칭이 기록되어 있다. 산은 봉우리들을 연속적으로 연결하여 표현하였다.

    부산 앞바다에는 절영도가 그려져 있고 낙동강 하구에는 칠점산과 명지도, 그리고 명지도의 서쪽에는 가덕도가 포함되어 있다(그림 4-32). 대마도는 지도의 오른쪽 아래에 섬의 모습을 온전한 해안선으로 묘사하였으며, 섬에는 여러 개의 산봉우리를 그려 넣어 대마도에 산이 많이 있다는 정보를 제공해 준다. 그러나 섬의 모양은 실제와 다르게 표현되었다.

그림 4-33. 「조선지도첩(朝鮮地圖帖)」 (古 4709-11) 「경상도」 | 서울대학교 규장각 소장

그림 4-34. 『조선지도첩』 「경상도」의 대마도 일대

　¨ 조선 후기에 유행한 소형 목판본 지도책의 전형적인 모습을 보여 준다. 지도의 전체적인 구도가 『동국여지승람』에 수록된 「경상도」 지도와 거의 동일하다. 그러나 지도는 매우 조악한 수준으로 그려져 있다. 지도의 제목인 '경상도'라는 문자가 바다와 구분해 주는 사각형의 테두리도 없이 기록되어 있다. 지금의 경상도에 있는 주요 군현을 비롯하여 하천과 산을 그려 넣었다(그림 4-33). 지도의 오른쪽에는 동쪽에 큰 바다가 있다는 설명과 함께 남쪽으로는 얕은 바다가 있다는 설명을 포함하였다. 부산은 군현의 이름이 아니었으므로 섬처럼 그려져 있다. 부산 주변으로는 해안가에 발달한 주요 포구 취락의 명칭(다대, 두모, 서평 등)이 기록되어 있다.

　이 지도에서는 남해안의 주요 도서만을 간략하게 그려 넣었으며, 낙동강 하구의 동쪽에 대마도를 그려 넣었다. 대마도는 실제 모습과 일치하지 않고 남해안에 매우 가깝게 그려져 있는데(그림 4-34), 이는 목판에 지도를 제작한 조선 시대 지도의 특징이다. 남해안에 가깝게 위치시킴으로써 우리나라의 영토라는 인식을 더욱 확고히 할 수 있다.

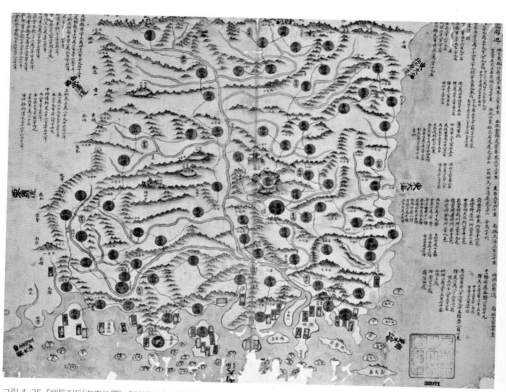

그림 4-35. 『해동지도(海東地圖)』 「경상도」 | 서울대학교 규장각 소장

그림 4-36. 『해동지도』 「경상도」의 대마도 일대

　　『해동지도』는 조선의 각 도별 군현지도에 조선전도 등을 추가하여
국가 차원에서 제작한 방대한 분량의 지도책이다. 당시까지 제작된 모든
회화식 지도를 망라하고 있다는 점에서 중요한 의의가 있다. 여백의 설명
문 내용이 매우 충실하며, 지도에 지리지를 결합한 효과가 있다는 점에서
도 매우 중요한 자료로 평가받는다. 주요 군현은 주황색 원으로 표시하였
으며, 군사상 중요 지점은 푸른색 원으로 나타내어 일반 지방 행정조직과
구분하였다(그림 4-35). 이 지도에서는 경상도의 도로 및 통신망을 한눈에
파악할 수 있다.

　　부산에는 수영이 설치되어 있으며, 앞바다에는 여러 섬들이 묘사되어
있다. 대마도는 절영도에서 그리 멀리 떨어지지 않은 해안에 그려 넣었다
(그림 4-36). 온전한 해안선의 형태로 대마도를 표시하였지만, 실제의 모습
과는 일치하지 않는다. 대마도의 산악을 표현하기 위하여 산줄기를 이용
하여 섬을 나타내었다.

그림 4-37. 『해동지도(海東地圖)』, 「동래부」| 서울대학교 규장각 소장

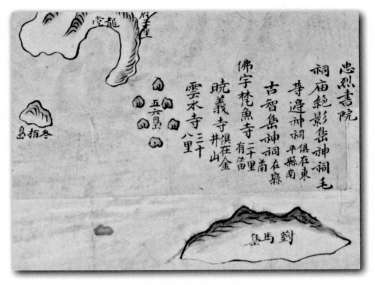

그림 4-38. 「해동지도」 「동래부」의 대마도 일대

      동래부는 지금의 부산광역시에서 북구와 강서구를 뺀 지역과 대략 일치한다. 바다에는 오륙도, 동백도, 절영도 등을 비롯하여 태종대가 묘사되어 있으며, 육지에는 주요 성곽과 붉은색으로 표시된 도로를 확인할 수 있다(그림 4-37). 지도의 여백에는 설명문을 기록하였는데, 다양한 지리 정보를 포함하고 있다.

    대마도는 오륙도에서 얼마 떨어지지 않은 지점에 그려져 있다(그림 4-38). 대마도의 해안선은 산줄기를 이용하여 나타내었는데, 이 산줄기는 경상도에 그려진 산줄기와 같은 방향을 하고 있다. 이는 당시 대마도가 조선에 속한 영토라는 인식이 있었음을 의미한다. 산줄기를 통해 섬 전체가 산으로 이루어져 있다는 정보를 파악할 수 있고, 고도가 높은 산이 다소 불연속적으로 분포하고 있다는 사실도 알 수 있다.

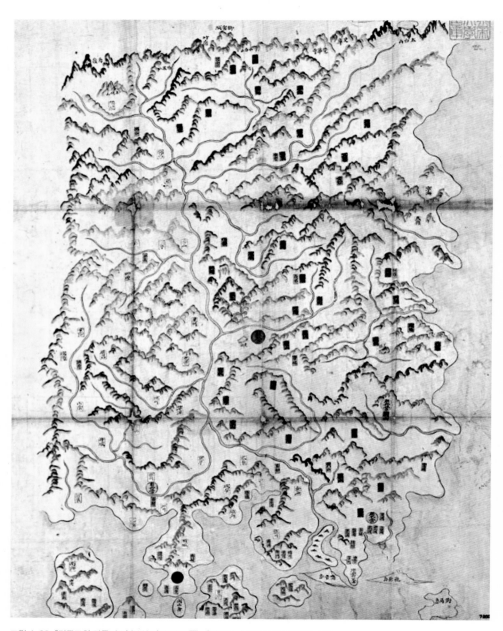

그림 4-39. 「경주도회 좌통지도(慶州都會左通地圖)」 「경상도」 | 서울대학교 규장각 소장

그림 4-40. 「경주도회 좌통지도」 「경상도」의 대마도 일대

　‥ 지도의 제작 시기는 18세기 후반으로 추정된다. 경상 지방을 그려 넣었는데 지도에 포함된 지역의 범위는 넓지만 실질적인 지명 표기는 많이 포함되어 있지 않다(그림 4-39). 좌수영을 중심으로 여러 시설물의 명칭이 보인다. 주요 지명으로는 지금의 부산에 해당하는 동래를 비롯하여 기장은 물론 낙동강의 동쪽으로 양산이 보인다. 낙동강의 서쪽으로는 김해와 웅천을 확인할 수 있다. 남해안으로 돌출한 반도부에 몰운대(沒雲臺)가 보이고, 낙동강의 하구에는 일곱 개의 작은 구릉이 마치 점을 찍어 놓은 것처럼 띄엄띄엄 있다하여 칠점산으로 불리던 하중도와 삼각형 모양의 명지도(鳴旨島)가 그려져 있다.

　이 지도에서는 대마도를 절영도에 매우 가까운 곳에 그려 넣었다(그림 4-40). 그뿐만 아니라 대마도의 모양을 ㄷ형태로 그렸는데, 이는 아소우만 일대의 만입부를 정확하게 인식하였음을 보여 준다. 남해안의 섬에는 산줄기를 표시하였지만, 대마도의 산이나 산줄기 등은 묘사하지 않았다.

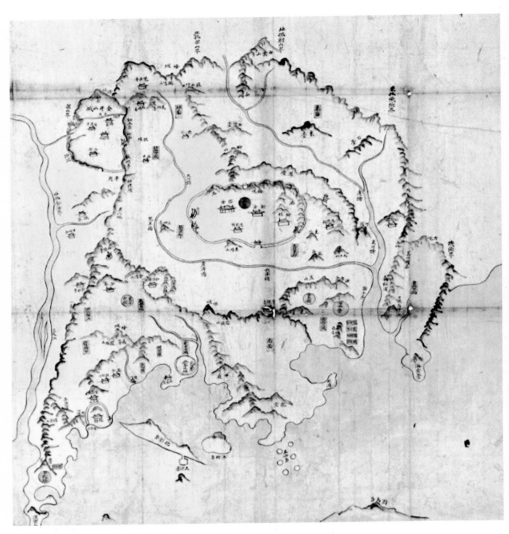

그림 4-41. 『경주도회 좌통지도(慶州都會左通地圖)』「동래부」 | 서울대학교 규장각 소장

그림 4-42. 「경주도회 좌통지도」 「동래부」의 대마도 일대

　‥ 이 지도는 중앙정부에서 제작한 『해동지도』와 유사한 형식으로 그려
진 것으로 두 지도에 반영된 지리 정보를 통해 그 제작 시기를 추정해 볼
수 있다. 『해동지도』는 1736년 이전의 상황을 보여 주지만 이 지도는 그
이후의 상황도 반영한다. 이 지도는 경상도의 18개 군현을 그린 지도 가
운데 동래부의 모습을 나타내었다. 동래부는 지금의 부산광역시에 해당
하는 지역으로 앞바다에 오륙도와 태종도 및 절영도 등이 묘사되어 있다
(그림 4-41).

　남쪽에는 대마도를 산의 형태로 표기하여 동래 지방에서 대마도를 인
식하고 있음을 표현하였다(그림 4-42). 대마도는 온전한 섬의 형태로 그려
지지 않았고, 양쪽에서 중앙으로 향하면서 고도가 높아지는 산의 모습을
띠고 있다. 산의 정상부로 묘사된 중앙부에는 녹색이 더해져 산의 고도가
매우 높은 형상까지 연출하였다.

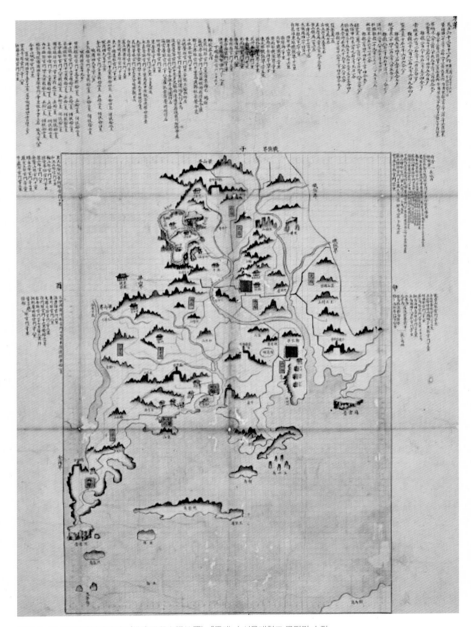

그림 4-43. 『비변사인방안지도(備邊司印方眼地圖)』「동래」| 서울대학교 규장각 소장

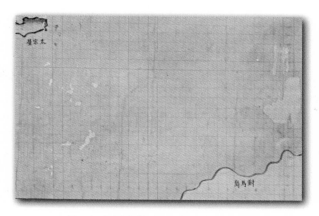
그림 4-44. 「비변사인방안지도」, 「동래」의 대마도 일대

  ⁝⁝ 변방을 방어하던 비변사에서 제작한 지도로서 방안을 활용하여 지
도의 정확도를 높였다. 지금의 부산에 해당하는 동래 지방은 일본과 가장
가깝게 마주하고 있는 곳으로, 군사적으로 매우 중요한 곳이었다. 지도에
도 군사적 정보를 쉽게 이해할 수 있도록 표시한 것을 확인할 수 있다(그
림 4-43). 조선 초기에는 부산포, 염포, 제포 등 3곳에 왜관이 설치되었지만
삼포왜란(1510) 이후에는 제포에만 남았던 왜관이 초량으로 이전하였다.
왜관에서는 일본과 조선 상인의 무역이 이루어졌으며, 일본 거류민의 주
거지와 시장, 상점, 창고 등이 설치되었다.

  이 지도에서는 부산 앞바다에 있는 오륙도와 절영도 등이 비교적 섬세
하게 묘사되어 있다. 이들 섬의 동남쪽인 지도의 오른쪽 아래에 대마도가
그려져 있다(그림 4-44). 그러나 지도 상에 나타난 대마도의 모습은 매우 조
악하다. 섬의 모습이 온전하게 그려지지 않았고 섬의 극히 일부만이 묘사
되었다. 따라서 대마도에 있는 산의 명칭이나 산줄기의 모습도 지도를 통
해서는 확인할 수 없다.

그림 4-45. 명칭 미상 | 가보르 루카치 소장

·· 이름도 제대로 알려지지 않고 언제 누가 만들었는지도 알기 어려운 이 지도는 순 한글로 제작된 우리나라 옛 지도이다(그림 4-45). 프랑스 인 가보르 루카치(Gabor Lukacs) 박사가 2011년 유럽의 경매에서 구입하여 소장하고 있는 것으로, 앞으로 많은 연구가 필요한 지도이다. 지도에 기록된 지명들이 17~18세기의 것이어서, 19세기 중반 김대건 신부가 제작한 것으로 알려진 한글 지도보다 반세기 이상 앞선 시기에 제작된 것으로 추정된다. 한글로 지도를 제작한 이유는 한자를 알지 못하는 여성이나 상인 또는 천주교 포교 활동을 위한 것으로 간주된다. 한글로 지명을 표기한 것 이외에도 두드러지는 것은 하천과 산줄기의 모습이다. 강의 흐름이 생생하게 그려져 있고, 산은 크고 작은 삼각형을 이용한 산줄기의 형태로 표현하였다. 물길을 따라 지명이 적혀 있고 육로가 보이지 않는 점을 고려하면, 이중환이 강조한 것처럼 한반도에서 수로 교통의 중요성을 강조한 지도로 보인다. 서울은 '경'으로 기록되어 있고, 그 북쪽으로는 파쥬(파주), 고양, 교하 등의 지명이, 서울의 남쪽에는 과쳔(과천), 광쥬(광주) 등의 지명이 나온다. 동해에는 울능도(울릉도)와 우산도(독도)가 그려져 있다.

지도의 오른쪽 아래에는 대마도가 우리나라의 영토로 포함되어 있다. 대마도의 면적(708.9km²)이 실제로는 제주도 면적(1849.3km²)의 절반에도 미치지 못하지만, 이 지도에서는 대마도가 제주도와 비슷한 면적으로 그려져 있다. 당시 대마도를 아주 중요한 존재로 인식하였음을 보여 주며, 대마도 역시 부산을 중심으로 한 경상도의 생활권에 포함되었음을 시사한다. 섬의 모양은 서쪽의 아소우 만을 묘사하고 섬 내에 있는 여러 산과 산줄기를 잘 나타내 주었다. 대마도에는 행정구역 명칭인 쌍고군이 섬의 북쪽에, 인위군은 남쪽에 기록되어 있다.

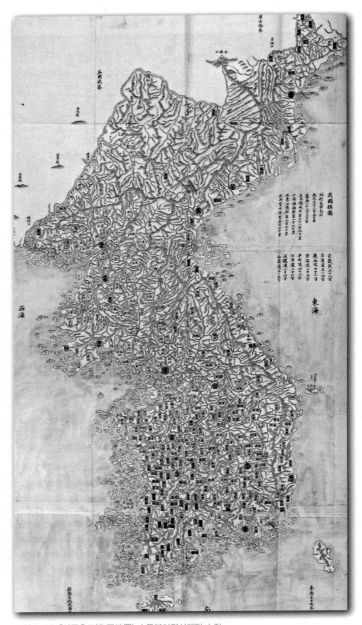

그림 4-46. 「아국총도(我國摠圖)」 | 동북아역사재단 소장

『아국총도』는 『여지도』라고도 불리며 18세기 말 정조 시대에 제작된 전국지도이다. 화려한 색채가 돋보이는데, 이는 오행사상에 입각하여 5방위 색으로 군현의 명칭을 표기하였기 때문이다(그림 4-46). 동쪽의 강원도는 푸른색, 서쪽의 황해도는 흰색, 남쪽의 전라도와 경상도는 붉은색, 북쪽의 함경도는 검은색, 그리고 한반도의 중앙부인 경기도와 충청도는 노란색으로 표시하였다. 산지와 하천을 정교하게 표현하고 바다에는 작은 섬의 명칭까지 기록하였다. 바다의 명칭은 동해, 서해, 남해로 표기하였으며, 지도 중앙의 설명문에는 각 도별 군현의 수가 기록되어 있다.

　부산 앞바다에는 여러 개의 섬들이 그려져 있고, 조금 멀리 떨어진 지점에 대마도가 자리하고 있다. 대마도의 남쪽에는 '동남지일본계(東南至日本界)'라 적어 놓았는데, 이는 동남쪽이 일본과의 경계라는 뜻으로 대마도가 일본 땅이 아님을 분명히 해 놓았다. 대마도를 남북 방향으로 가로지르는 산줄기와 밋밋하지 않은 해안선으로 비교적 자세하게 표시하였다.

그림 4-47. 「지승(地乘)」 (奎 15423) 「경상도」 | 서울대학교 규장각 소장

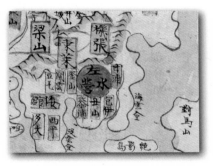

그림 4-48. 『지승』 「경상도」의 대마도 일대

　　『지승』은 군사 요지인 관방과 전국 군현을 그린 지도책으로, 6책에 「경상도」가 수록되어 있다. 지도의 오른쪽에는 동해가 표시되어 있고, 서쪽은 전라도 및 충청도와 경계를 형성한다(그림 4-47). 군사 중심지에 해당하는 감영, 통영, 우병영, 좌수영 등을 붉은 원 안에 표시하였고 부를 비롯하여 군현의 지명은 사각형의 틀 안에 기록해 놓았다. 경상도의 주요 육상 교통로를 표시하였으며, 대구 감영을 중심으로 군현 간의 연결망을 보여 주고 있다. 부산에는 붉은색 원 안에 좌수영이 기록되어 있고 옆으로는 동래와 기장 등이 표기되어 있다. 지도에 묘사된 산줄기와 물줄기가 상당히 정교하게 그려져 있으며, 실제의 모습과도 크게 다르지 않다. 부산에는 해운대와 절영도가 묘사되어 있다.

　　절영도 동쪽의 '대마산(對馬山)'이 지금의 대마도에 해당한다(그림 4-48). 대마도라는 명칭이 마산을 마주한다는 데에서 유래하였다는 설이 있긴 하지만, 당시 대마도를 대마산으로 기록한 이유는 산악 지형으로 이루어진 대마도를 강조하기 위한 것으로 보인다. 한반도 주변의 부속 도서는 온전한 섬의 형태로 그린 경우도 있지만, 대마도는 해안선의 일부만을 묘사하는 방법으로 나타내었다.

그림 4-49. 『지승(地乘)』(奎 15423)「동래부」| 서울대학교 규장각 소장

그림 4-50. 「지승」, 「동래부」의 대마도 일대

‥ 지금의 부산광역시 기장군, 북구, 강서구 일대를 제외한 지역을 관할하던 동래부의 지도로, 부산 지방의 일부를 그려 넣었다(그림 4-49). 당시 읍치는 지금의 동래구 수안동과 복천동 일대이다. 바다와 접해 있고 일본과 가까워 군사적으로 중요한 위치를 차지하는 지역이다. 산은 줄기의 형태로 표시되어 있다. 해안가에 있는 지명인 해운대, 오륙도, 동백도, 태종도 등을 통해 당시 동래부의 범위를 짐작할 수 있다.

지도의 남쪽에는 부산 앞바다의 여러 섬들을 그려 넣었으며, 오른쪽 아래에는 대마도를 산악 지형으로 묘사하였다(그림 4-50). 지도에서는 대마도를 온전한 섬의 형태로 그려 넣지는 않았지만, 해운대 및 오륙도에서 상당히 가까운 곳에 자리하고 있는 것처럼 인식하였다. 지도의 하단 중앙에 있는 동백도나 태종도는 단순하게 선으로만 해안선을 나타내었지만, 대마도는 이들 섬보다 섬세하게 그려 넣었다. 즉 대마도에 있는 산의 형상을 산줄기의 형태로 묘사하고 초록색을 입혀 대마도의 산악 지형과 관련한 지리 정보를 잘 나타내고 있다.

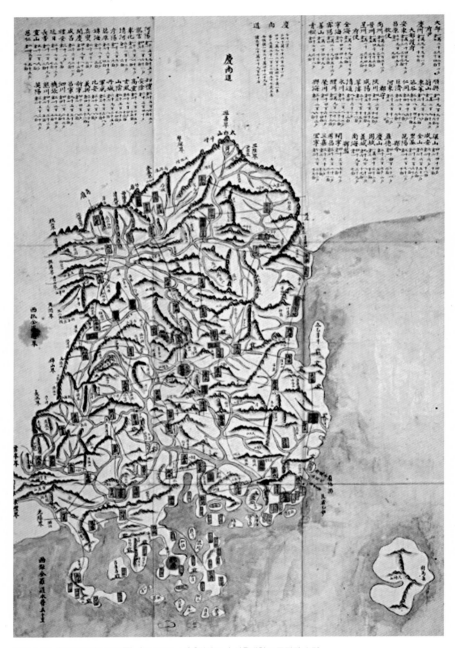

그림 4-51. 『팔도지도(八道地圖)』(古 4709-14) 「경상도」 | 서울대학교 규장각 소장

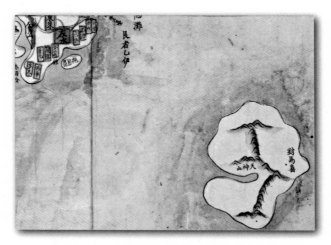

그림 4-52. 「팔도지도」 「경상도」의 대마도 일대

　　조선팔도 가운데 경상도 일대를 그린 지도이다. 전체적인 형식과 내용은 정상기가 제작한 『동국지도』의 원도와 비슷하며, 차이점은 지도 여백에 설명문을 기록하고 지지적인 내용을 포함하여 지도를 보완한 것이다. 산줄기는 산이 연속적으로 분포하는 형태를 취하였으며 하천도 비교적 정교하게 그려졌다(그림 4-51).

　　대마도는 부산의 동남쪽에 자리하는데 실제보다 다소 크게 그려진 듯하다(그림 4-52). 대마도의 해안선은 서쪽의 만입부를 뚜렷하게 표시하였으며, 섬 내에는 남북 방향의 산줄기를 표시하였다. 지금의 아소우 만 근처에는 도요타마마치의 중앙에 있는 천신산(天神山) 지명이 표기되어 있다. 지도의 상단 좌우 측에는 각 군현에 거주하는 호수와 하위 행정구역의 수 등이 기록되어 있지만, 대마도에 대한 내용은 포함하지 않았다. 『팔도지도』(古 4709-23)의 「경상도」 지도 역시 이 지도와 유사하게 그려졌는데 지도의 여백에 설명문이 포함되지 않은 차이점이 있다.

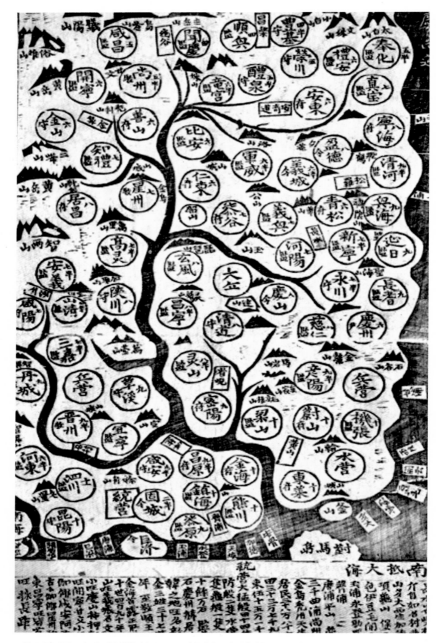

그림 4-53. 『팔도지도(八道地圖)』(古 4709-73) 「경상도」| 서울대학교 규장각 소장

그림 4-54. 『팔도지도』 「경상도」의 대마도 일대

··· 목판본 지도인 『팔도지도』에 수록되어 있는 「경상도」이다. 이 지도
는 『동국여지승람』에 삽입된 도별 지도인 『동람도』의 틀을 크게 벗어나
지 않았지만, 『동람도』보다는 인문지리적 정보가 많이 포함되어 있다. 지
도를 보면 동해안과 남해안의 해안선과 도서 지역이 상당히 왜곡된 모습
을 하고 있다(그림 4-53). 제작 시기는 1767년 이후로 추정된다.

대마도는 낙동강 하구에 그려져 있는데 실제 거리보다 아주 가깝게 묘
사되었으며 방향도 실제와 일치하지는 않는다(그림 4-54). 대마도가 실제
보다 가까운 곳에 그려진 이유는 나무를 깎아 지도를 만드는 과정에서 가
능한 한 하나의 목판 안에 경상도에 속하는 남해안의 주요 섬을 모두 포
함시키려 했기 때문이다. 대마도의 해안선 모양도 실제와는 다르게 그려
졌지만, 당시 우리나라의 영토에 속하는 부속 도서로서 대마도를 인식하
였음을 잘 보여 주는 지도이다.

3

19세기의 지도

　오른쪽에 제시된 지도는 조선팔도 가운데 경상도를 그린 도별 지도
이다. 산지의 표현은 산을 겹쳐 하나의 산맥 형식으로 그려 놓았다(그림
4-55). 군현은 분홍색으로 표시하고 감영의 소재지와 병영은 일반 군현과
구별이 쉽도록 붉은색의 원에 녹색 테두리를 그렸다. 수영은 녹색으로 표
시되어 있다. 섬은 그 위치만 대략적으로 표시하였다. 지금의 부산 지방
에는 부산이라는 지명을 비롯하여 해안가에 여러 포구들의 지명이 기록
되어 있다. 지도에서 지명이 표기된 섬이 4개에 불과하지만, 군사상으로
중요해 진보(鎭堡)가 설치된 경우에는 진보를 표시하였다.

　지도의 오른쪽 아래에는 대마도가 그려져 있다. 정상기의 지도를 본뜬
대부분의 지도에서처럼 천신산을 비롯한 주요 산줄기를 그리지 않았다(그
림 4-56). 단지 섬의 대략적인 모양을 그린 후 대마도 명칭만을 표시하였는
데, 섬의 모습은 지금의 대마도와 매우 비슷하게 그려져 있다.

그림 4-55. 『청구팔역도(靑邱八域圖)』 (古 912.51-C422c) 「경상도」 | 서울대학교 규장각 소장

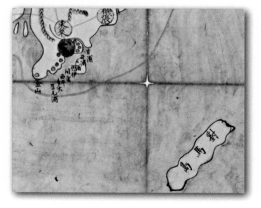

그림 4-56. 『청구팔역도』, 「경상도」의 대마도 일대

그림 4-57. 『해좌전도(海左全圖)』 | 국립중앙도서관 소장

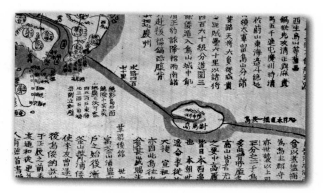

그림 4-58. 「해좌전도」의 대마도 일대

이 지도는 19세기 중반에 제작된 것으로 추정되는 목판본으로, 여러 장이 인쇄되어 활용되었다. 지도의 윤곽과 내용은 정상기가 제작한 『동국지도』와 유사하며 산줄기와 물줄기를 비롯하여 교통로 등이 비교적 상세하게 그려져 있다. 지도의 여백에는 백두산, 금강산, 설악산 등 10여 개 명산의 위치와 산수에 대한 간략한 설명이 포함되어 있으며, 부산에 설치되었던 초량왜관에 대한 기록도 실려 있다(그림 4-57).

부산에 있는 초량왜관에서 대마도까지는 수로로 470리라는 기록이 뱃길과 함께 표시되어 있으며, 대마도의 동쪽으로는 이키 섬으로 이어지는 뱃길도 기록되었다(그림 4-58). 대마도의 모습은 온전한 해안선으로 그렸으며, 서쪽의 아소우 만도 정확하게 만입부의 형태로 작성하였다. 또한 지도의 설명문에는 대마도에 대한 설명도 있는데, 대마도에는 대부분 바닷가의 포구에 사람들이 있으며 돌산으로 이루어져 백성들이 빈곤하고 자염을 만들어 생활을 유지한다는 내용이다. 초량왜관에 대한 설명문에는 세종 대에 대마도에서 오는 사람들이 머무르던 삼포왜관에서부터 시작한 것으로 기록되어 있다.

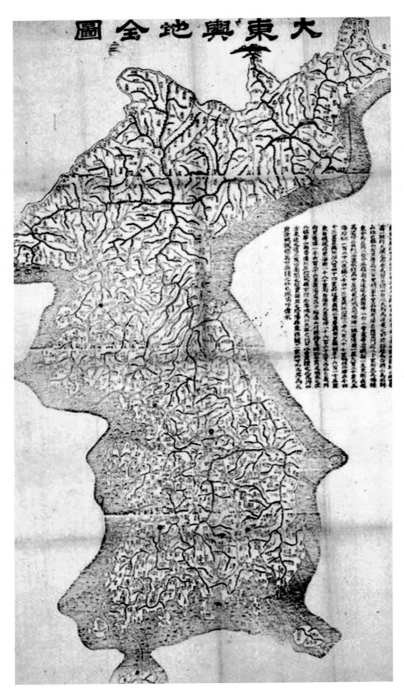

그림 4-59. 「대동여지전도(大東輿地全圖)」 | 국립중앙박물관 소장

그림 4-60. 『대동여지전도』의 대마도 일대

  『대동여지전도』는 김정호가 그린 『대동여지도』를 축약하여 만든 전
국지도로 추정된다. 어느 시기에 누가 만들었는지에 대한 정보는 밝혀지
지 않았지만, 지도에 포함된 지리 정보를 통해 보면 김정호의 작품일 것
으로 보인다. 연속적인 톱니 모양으로 산줄기를 그려 넣었고 줄기의 굵기
로 크고 작음을 구분하였다(그림 4-59). 도로는 한 줄의 선으로 그렸고, 이
를 구분하기 위해 하천은 두 줄로 그렸다. 군사적 요소가 많이 포함되어
있으며, 팔도의 경계를 점선으로 나타냈다.

  한반도에 속한 영토와 그 주변 수역은 물결무늬를 이용하여 표현하였
다. 부산 동남쪽에는 물결무늬 안에 포함된 대마도가 그려져 있다(그림
4-60). 대마도는 실제와는 달리 동서 방향으로 그려져 있지만, 섬에 산이
많이 있다는 사실은 산줄기를 이용하여 표현하였다. 이와 함께 지금의 아
소우 만에 발달한 만입부와 맞은편은 강처럼 표시하여 대마도 중간 부분
의 육지가 오목하게 생긴 것을 잘 나타냈다. 대마도에 기록된 지명은 섬
이름을 비롯하여 섬 북쪽의 사스나(佐須奈浦), 중앙부의 천신산이 있다.

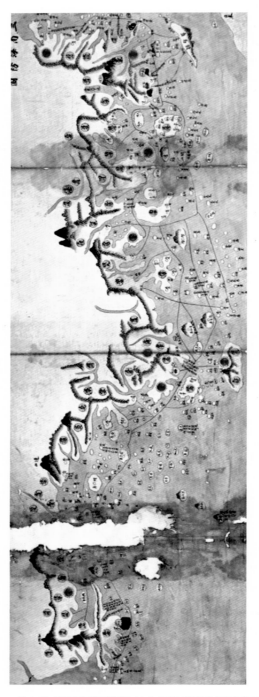

그림 4-61. 「동국여도(東國輿圖)」 (古大 4790-50) 「삼남해방도(三南海防圖)」 | 서울대학교 규장각 소장

그림 4-62. 「동국여도」 「삼남해방도」의 대마도 일대

ㆍㆍ『동국여도』에 수록된 「삼남해방도」이다. 여기에서 삼남이란 조선의 남부 지방에 있던 충청도, 전라도, 경상도를 의미하며, 삼남해방도라는 명칭에 걸맞게 이 지도는 삼남 지방의 해안과 바다의 방어 시설을 중심으로 제작되었다(그림 4-61). 경상도 울산에서 충청도 당진에 이르기까지 해안을 실제와 다르게 직선에 가깝게 그렸다. 이 지도에서는 부산을 둘러싸고 있는 성곽을 중심으로 초량왜관을 볼 수 있다.

대마도는 지금의 모습과 해안선이 유사하게 그려져 있으며, 산줄기가 섬을 가로지르는 듯하게 묘사되었다(그림 4-62). 산 정상의 방향은 부산에서 바라본 것처럼 일본을 향해 있다. 부산의 개운포(開雲浦)와 초량왜관에서 대마도로 이어지는 주요 수로와 함께 거리까지 표시되었다. 대마도로 이어지는 수로 가운데 거리 정보를 포함하고 있는 물길은 초량왜관에서 대마도의 서쪽 해안으로 이어지는 길인데, 480리로 기록되어 있다. 대마도의 서쪽 해안에는 한반도에서 수로를 통해 도착할 수 있는 포구의 명칭이 기록되어 있는데, 남쪽에서부터 대포(大浦), 쌍석포(雙石浦), 후풍소(候風所), 좌수포(左須浦), 악포(鱷浦)이다.

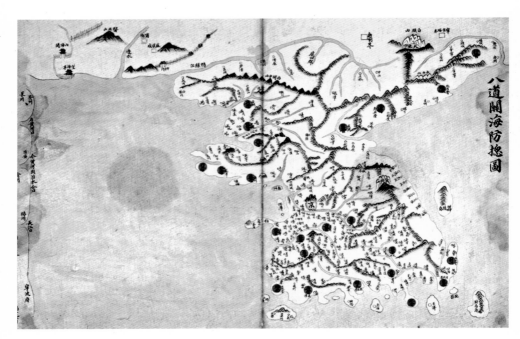

그림 4-63. 「동국여도(東國輿圖)」, (古大 4790-50) 「팔도관해방총도(八道關海防摠圖)」 | 서울대학교 규장각 소장

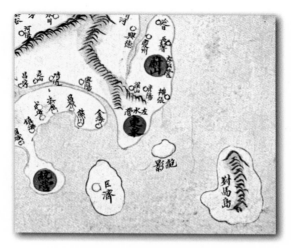

그림 4-64. 「동국여도」 「팔도관해방총도」의 대마도 일대

　　『동국여도』에 수록된 「팔도관해방총도」이다. 「팔도관해방총도」는 육지와 바다의 방어를 의미하는 관방(關防)과 바다를 방어하는 해방(海防)에 관한 팔도의 전체 지도란 의미이다. 따라서 본 지도첩이 군사지도를 목적으로 제작되었음을 알 수 있다. 동래와 울산이 붉은색 원으로 표기되어 있고, 동래의 위쪽에는 좌수영, 울산의 오른쪽에는 좌병영을 병기해 놓았다(그림 4-63). 그 외에 경상도의 우수영이면서 충청도, 전라도, 경상도의 모든 수군을 지휘하던 통영을 비롯하여 많은 고을의 이름이 기록되어 있다. 지도의 제작 시기를 정확히 알 수는 없다.

　　동래 앞바다에는 절영이 섬으로 표현되었고 그 건너편으로 대마도를 그려 놓았다(그림 4-64). 대마도는 남북 방향으로 길게 늘어진 섬의 형태로 그렸으며 온전한 해안선으로 묘사되었다. 산봉우리의 연속체인 산줄기를 통해 대마도에 산지가 많다는 정보를 표현해 주었다. 동래에서 대마도까지의 거리는 실제보다 가깝게 묘사되어 있다.

그림 4-65. 「광여도(廣輿圖)」「영남도(嶺南圖)」| 서울대학교 규장각 소장

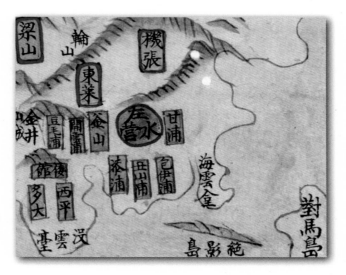

그림 4-66. 『광여도』 「영남도」의 대마도 일대

　˙˙ 전국 군현 지도집인 『광여도』에 수록된 「영남도」이다. 회화식 지도로 제작되어 지도와 함께 고을의 현황이 추가되어 있어 당시의 사회상을 살필 수 있는 중요한 자료이다(그림 4-65). 지도의 제작 시기는 정확하게 알려지지 않았다.

　영남 지방을 그린 지도의 일부분으로 부산의 좌수영을 중심으로 하는 주변 지역을 그려 놓았다. 좌수영의 주변에는 여러 포구가 표시되어 있고 북쪽으로는 동래, 기장, 양산 등이 보인다. 낙동강 줄기에는 칠점산과 명지도가 있고 낙동강의 서쪽으로는 김해, 웅천, 창원 등을 확인할 수 있다. 금정산에 건축된 금정산성과 해안가의 해운대, 그리고 절영도 등을 비교적 뚜렷하게 표시해 놓았다. 이 지도에서는 대마도가 완벽한 하나의 섬으로 그려지지 않았지만, 해운대 및 절영도에 매우 가깝게 위치하고 있다(그림 4-66).

그림 4-67. 『광여도(廣輿圖)』「제주목(濟州牧)」| 서울대학교 규장각 소장

그림 4-68. 「광여도」 「제주목」의 대마도 일대

　``『광여도』의 전라도 편에 수록된 지도로서 간략하면서도 비교적 정확하게 지리 정보를 표현하였다. 전라도 해안 지방에서 제주도로 출발하는 포구와 중간에 통과하는 섬들이 자세히 그려져 있으며, 제주도 동북쪽의 조천을 비롯하여 전라남도의 남해안에 자리한 보성, 장흥, 강진 등의 지명을 확인할 수 있다(그림 4-67). 이 지도는 한양에서 바라보는 시각으로 제주도를 그렸기 때문에 지도의 위쪽이 남쪽에 해당하고, 지도의 왼쪽은 실제 방향상 동쪽이다. 아래쪽에 묘사된 바닷가는 전라도의 해안 지방이다.

　제주도의 조천관 옆에 있는 조선사신유관(朝鮮使臣留館)은 조선에 사신이 왔을 때 머무르던 공관이다. 제주도의 동북쪽에 대마도를 완벽한 섬의 형태로 그렸다(그림 4-68). 대마도의 남서쪽으로는 삼도(三島)를 기록해 놓았는데, 삼도는 지금 전라남도 여수시 삼산면에 해당하는 거문도이다. 고도(古島), 동도(東島), 서도(西島)를 합친 3개 섬으로 이루어져 삼도(三島)라고 하였다.

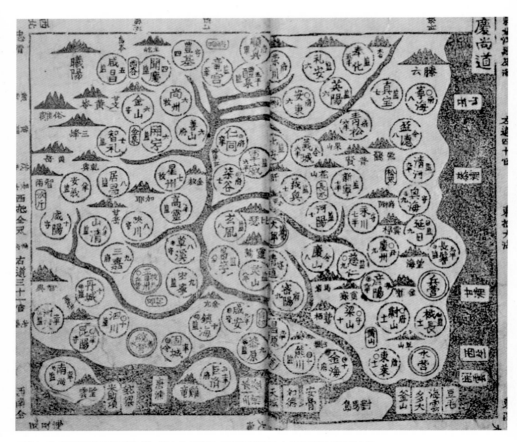

그림 4-69. 「동국여지도(東國輿地圖)」 (想白古 912.51-D717) 「경상도」 | 서울대학교 규장각 소장

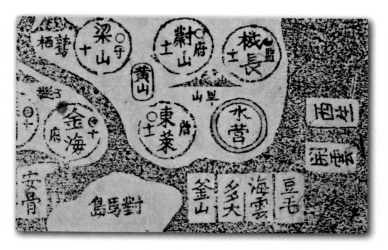

그림 4-70. 『동국여지도』, 「경상도」의 대마도 일대

‥ 나무를 깎아 만든 목판본 지도이다. 백두대간 남쪽에 자리한 경상도에 있는 각 군현을 그려 넣었다. 영남 지방을 남북으로 관통하여 남해로 흘러드는 낙동강의 하구에 대마도를 위치시켰다. 낙동강의 동쪽으로는 수영이 노란색 원 안에 표시되어 있고, 울산에는 병영이 그려져 있다(그림 4-69). 동래, 기장, 양산, 김해 등의 군현과 지금의 부산 지방에는 부산, 다대, 해운, 두모 등의 지명도 기록되어 있다.

대마도의 위치가 다른 지도와는 달리 유난히 서쪽으로 이동하여 낙동강 하구에 있는 이유는 목판본으로 지도를 작성하다 보니 하나의 목판 안에 가능한 한 많은 양의 지리 정보를 포함시키기 위한 것으로 이해할 수 있다(그림 4-70). 조선 시대에 작성된 지도에서 독도 역시 실제 위치와 다르게 울릉도 근처 또는 울릉도와 한반도의 사이에 그려지기도 하였다.

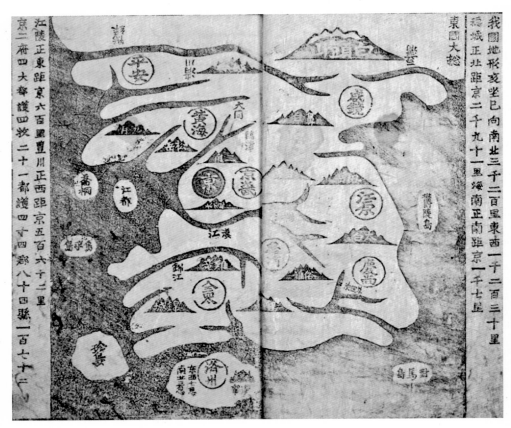

그림 4-71. 「동국여지도(東國輿地圖)」 (想白古 912.51-D717) 「동국대총(東國大總)」 | 서울대학교 규장각 소장

그림 4-72. 「동국여지도」 「동국대총」의 대마도 일대

   ˙˙ 한반도를 그린 전도로서 전체적인 모양은 『동국여지승람』에 수록된 『팔도총도』와 거의 동일하다. 지도에 표기된 산, 하천, 바다에서 약간 차이가 있는데, 이 지도에서는 특히 우리 민족의 성산으로 여겨지는 백두산이 강조되었다(그림 4-71). 지도의 양옆에 기록된 설명문에는 한반도의 동서 간 거리를 비롯하여 도읍지인 한양으로부터 정동·정서·정남·정북쪽 지점까지의 거리가 기록되어 있다. 설명문에 따르면 조선[我國]은 북북서를 등지고 남남동을 향했으며, 남북으로 3200리이고 동서로 1230리이다. 맨 좌측에는 당시의 행정구역이 4부 4대도호부 21목 44도호부 84군 172현이라고 기록되어 있다.

   지도에는 백두산과 한라산을 비롯한 주요 산, 압록강과 두만강을 비롯한 주요 하천의 명칭이 기록되어 있으며, 조선팔도와 제주의 지방 명칭도 기록하였다. 이와 더불어 한반도의 부속 도서 가운데 주요 섬들을 포함하였다. 대마도는 낙동강 하구의 남쪽에 온전한 섬의 모습을 갖춘 상태로 묘사되었다(그림 4-72).

4

외국어서 제작된 지도

　˙˙ 오른쪽 지도는 18세기 프랑스 지리학의 거장으로 프랑스의 왕실 지
리학자인 당빌(Jean-Baptiste Bourguignon D'Anville)이 1737년에 제작
한 한국 지도이다. 이 지도는 1737년에 발간된 『신중국지도첩(NOUVEL
ATLAS DE LA CHINE)』에 삽도로 포함되어 있다. 지금까지 발견된 서양에
서 제작된 한국 전도 가운데 가장 오래된 것으로 평가받고 있으며, 매우
정확한 것이 특징이다. 당시 존재하던 중국을 비롯한 아시아 제국에 관한
모든 지도와 참고 자료들을 검토하여 지형, 산줄기, 물줄기는 물론 경도
와 위도까지 정확하게 그렸다(그림 4-73). 대부분의 지명들은 중국어식 발
음으로 표기되어 실제 우리가 사용하는 지명과 다르게 기록되어 있다. 예
를 들어 울릉도는 'Fang-ling-tao'로, 서울은 'King Ki Tao'로 표기되었
다. 일부는 일본어식 한자 발음을 영어로 표기하였다.

　대마도는 지도의 오른쪽 아래에 그려 넣었다. 대마도의 모습을 온전한
섬의 형태로 표현하고 서쪽 부분의 해안선을 돌출시킴으로써 아소우 만
일대의 만입부를 나타내고자 하였다. 그리고 섬의 남북 방향으로는 산 모
양의 표식을 일렬로 배치함으로써 대마도의 산줄기를 보여 주고 있다. 대

마도가 연한 녹색으로 칠해져 있지만, 이게 조선의 영토가 아님을 의미하지는 않는다. 전라도 남해안에도 대마도의 색깔과 동일한 색으로 칠해진 섬이 있다.

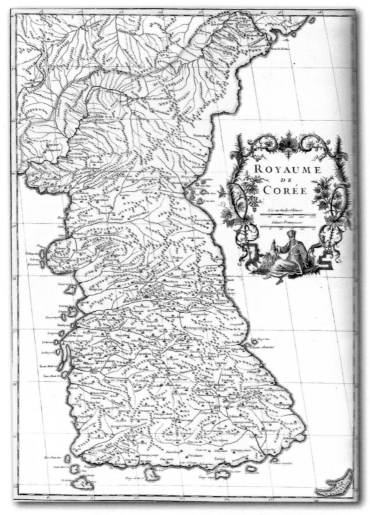

그림 4-73. 「조선왕국전도(ROYAUME DE CORÉE)」 | 동북아역사재단 소장

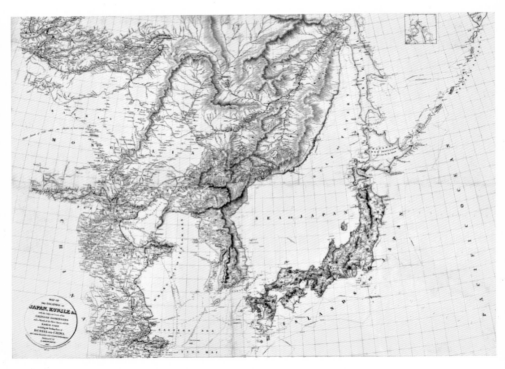

그림 4-74. 「일본 열도 지도(Composite: Map of the Island of Japan, Kurile & c)」
[자료: 데이비드 럼지 컬렉션(http://www.davidrumsey.com)]

그림 4-75. 「일본 열도 지도」의 대마도 일대

      영국의 지도학자인 에런 애로스미스(Aaron Arrowsmith)가 1818년에 일본과 동아시아의 해안 지역을 그린 지도이다. 우리나라의 해안선은 다소 부정확하게 그려졌으며, 한반도의 주요 산줄기와 하천이 표시되어 있다(그림 4-74). 우리나라의 지명 표기는 중국식 발음으로 표기되었다. 한반도는 중국의 만주 지방과 함께 노란색의 테두리로 표시하였다.

      일본의 영토는 해안선을 옅은 녹색을 이용하여 구분해 놓았다. 그러나 대마도는 노란색으로 구분하여 일본이 아닌 우리나라의 해안선과 같은 색으로 처리하였다(그림 4-75). 대마도는 두 개의 섬으로 분리하여 그렸는데, 대마도를 두 개의 섬으로 인식한 것은 일본의 관점이 아닌 우리나라 사람의 관점을 반영한 것이다. 이 지도가 1787년에 제작된 중국의 지도를 토대로 작성되었기 때문에 대마도에 대한 인식은 당시 조선 사람들의 관점을 나타낸다. 이뿐만 아니라 우리나라와 일본 사이의 바다 역시 대한해협(STRAIT OF COREA)으로 기록해 놓은 것까지 볼 수 있다.

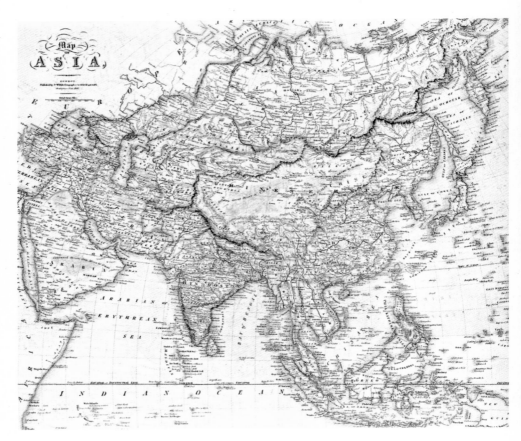

그림 4-76. 「아시아 지도(Map of Asia)」| 동북아역사재단 소장

그림 4-77. 「아시아 지도」의 대마도 일대

    영국의 왕실 지리학자 제임스 와일드(James Wyld)가 1846년에 제작한 아시아 지도이다. 이 지도는 19세기 중반에 그려졌지만 아시아의 여러 나라와 해안선이 비교적 정확하게 드러나 있다. 한반도는 중앙아시아, 중국의 신장, 몽골, 연해주와 함께 노란색으로 구분되어 있다(그림 4-76). 이는 한반도의 문화와 언어가 이 지역과 유사함을 나타내는 것으로 보인다. 우리나라의 해안선은 실제와 다소 다르게 그려져 있지만, 지도에 포함된 지리 정보는 당시 조선의 영역을 잘 보여 준다.

    동해의 지명이 한국만(GULF of COREA)으로 표기되었으며 한반도와 일본 사이에는 대한 해협(Strait of Corea)이 단독으로 표기되어 있다. 대한 해협의 왼쪽으로 한반도와 동일하게 노란색으로 그려진 섬이 있는데, 이 섬이 바로 대마도이다(그림 4-77). 지도의 지명은 영어로 표기되어 있지만, 일본어 발음을 토대로 하였기 때문에 쓰시마의 쓰(Tsu)만 기록되어 있음을 볼 수 있다.

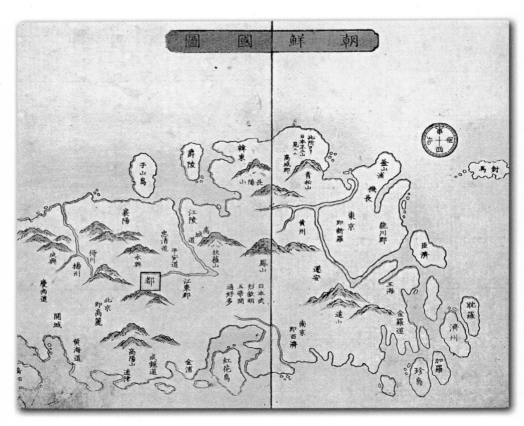

그림 4-78. 「조선국도(朝鮮國圖)」 | 이돈수 소장

    ˝ 일본에서 통용된 정보를 집대성한 백과사전에 해당하는 『강호대절 용해내장(江戶大節用海內藏)』에 수록된 부록 지도로 1704년에 초판이 발행되었고, 1863년에 보각되었다. 일본인 모리 후사이(森楓紊)가 작성한 민간 지도의 성격을 가진다. 조선의 도성을 비롯하여 주요 하천과 산을 수록하였으며, 주요 도시의 지명도 포함하고 있다(그림 4-78).

  한반도의 모습을 정확하게 그린 지도는 아니지만, 한반도 주변의 부속 도서가 표시된 것을 통해 당시 일본에서 인식하였던 조선의 영토를 확인할 수 있다. 지도에 같이 수록된 방위 표시를 따르면 지도의 위쪽인 동쪽에 울릉도가 작릉(爵陵)으로, 독도가 자산도(子山島)로 그려져 있다. 한편 지도의 오른쪽 위에는 대마도가 그려져 있다. 대마도는 부산포에서 가까운 곳에 자리하고 있으며, 해안선의 굴곡이 매우 섬세하게 표현되었다. 일본인이 그린 지도에 대마도가 조선의 영토로 명확하게 포함되어 있다는 사실은 19세기 중반까지 조선과 일본 모두 대마도를 조선의 영토로 인식하였음을 의미한다.

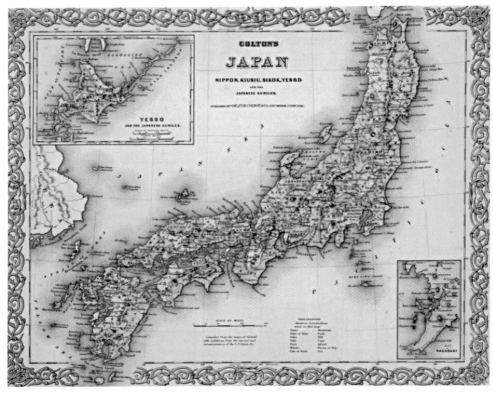

그림 4-79. 『일본(JAPAN)』
[자료: 세계디지털도서관(http://www.wdl.org/en/item/75/)]

그림 4-80. 『일본』의 대마도 일대

·· 지도의 정확한 명칭은 『Colton's Japan : Nippon, Kiusiu, Sikok, Yesso and the Japanese Kuriles』이다. 독일의 지도학자인 지볼트(Siebold)가 그린 지도를 재구성한 것으로 일본어와 영어 설명을 포함해 놓았다. 미국인 콜튼(G. W. Colton)이 1886년에 제작한 지도로, 일본의 혼슈, 규슈, 시코쿠, 홋카이도를 그린 후 각 지방별로 채색을 하여 일본 전체 영토를 표시하였다(그림 4-79). 지명은 대부분 일본어 발음을 그대로 옮겨 적었으며, 우리나라 부산의 동래는 'Tong Lai'로 기록되어 있다. 지볼트는 19세기 전반에 일본에 입국하여 일본관리 다카하시(高橋景保)로부터 입수한 지도를 바탕으로 『일본변계약도』와 『한국전도』 등을 제작한 독일인으로 서양에 한국을 알린 한국통 인물이다.

이 지도에서는 일본의 영토에 포함되지 않는 곳에 대해서는 색을 입히지 않았다. 부산의 남쪽에 있는 대마도는 아무런 색깔이 칠해지지 않아 당시 대마도를 일본 땅으로 간주하지 않았음을 보여 준다(그림 4-80). 대마도의 남쪽으로는 대한 해협(STRAIT OF COREA)이 있으며 그 남쪽에 자리한 이키 섬에는 엷은 분홍색이 칠해져 있다. 대마도의 해안선은 매우 정교하게 묘사되었고 중앙부의 아소우 만도 상세하게 표시되었다. 한편 이 지도에서는 울릉도(Taka sima)와 독도(Matsu sima)에도 색을 칠하지 않아, 이들 두 섬도 일본 영토에 포함되지 않는 것으로 그려졌다.

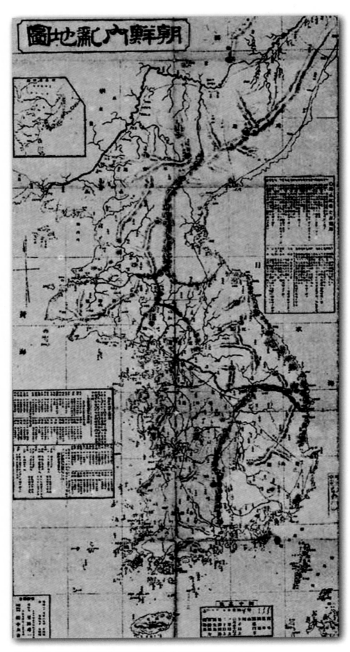

그림 4-81. 「조선내란지도(朝鮮內亂地圖)」 | 국립중앙박물관 소장

˙˙ 이 지도는 1894년에 전봉준의 주도로 고부에서 발생한 동학운동과 관련된 것이다(그림 4-81). 지도 제작자는 호시노 게이치(星野惠一)이고, 일본 도쿄에서 1894년 8월 10일에 발행되었다. 지도가 제작된 시기는 조선의 동학운동으로 말미암아 청일전쟁이 발생한 만큼 일본 사람들의 조선에 대한 관심이 매우 높았던 때이다. 그러므로 『조선내란지도』의 간행은 일본인들에게 큰 의의가 있었을 것이다.

　동학군이 점령하였던 전라도를 비롯하여 경상도의 일부 지방, 충청도 전역과 경기도 일부 지방은 엷은 주홍색으로 표시하였다. 이 지도의 부산 앞바다에 대마도가 남북 방향으로 길게 그려져 있다.

제5장

대마도는 원래 우리 땅

1

뒤바뀐 주종 관계

한반도의
지배하에 있던 땅

"대마도는 본래 우리 땅이다."

지금도 많은 사람들이 주장하는 이 말은 조선 시대에 세종이 언급했던 내용으로서, 대마도가 본래부터 우리나라의 영토에 속하였음을 가장 단적으로 보여 준다. 우리는 앞에서 대마도가 오래전부터 우리나라의 부속 도서였다는 사실을 확인하였다. 삼국 시대 초기에 대마국이라는 나름의 독립국가를 형성하였지만, 정확한 때를 알 수는 없어도 대마도는 한반도에 존재하였던 국가의 부속 도서로 포함되기 시작하였다. 그 시기는 대체로 삼국 시대인 서기 400년경으로 추정된다.

삼국 시대에 대마도에는 고구려에 속한 인위가라, 백제에 속한 계지가라, 신라에 속한 좌호가라가 있었다. 이 가운데 백제에 속하였던 계지가라는 임나국의 국미성이었다는 견해도 있다. 이들 삼가라(三加羅)는 서기

400년경에 모두 고구려에 복속되었고 고구려에 직속하였으므로, 대마도가 고구려 황제의 직접적인 명령을 받았다는 사실도 알 수 있다. 즉 늦어도 서기 400년대 초반부터 대마도는 한반도의 명백한 부속 도서로 존재하였던 것이다.

삼국 시대에 대마도는 한반도와 일본을 연결시켜 주는 징검다리 역할을 하였다. 대마도에 거주하던 사람들은 일본 열도와 한반도를 연결하고자 노력하였는데, '그들이 두 나라 사이의 교류를 차단하지 않고 서로 연결하고자 했던 이유가 무엇이었을까?'라는 물음에 대하여 생각해 볼 필요가 있다. 그리고 일본인들은 무엇 때문에 그들의 역사 기록에서 대마도를 '한향지도(韓鄕之島)'라 하여 한국을 바라보고 있는 섬 또는 한국의 섬이라고 인식하였을까? 이러한 질문에 대한 답은 여러 가지가 있겠지만, 그 가운데 영토의 복속이라는 관점에서 보면 당시에 일본에 거주하던 사람들이 대마도를 그들의 영토로 인식하지 않고 한반도에 속한 부속 도서로 간주하였기 때문일 것이다. 즉 일본 열도에 거주하던 사람들은 한반도에 가깝게 접해 있는 대마도를 한반도에 진입하기 위한 중요한 창구로 인식하였고, 그 섬을 경유하지 않으면 한반도에 있는 국가와 교류가 불가능하다고 판단하였던 것이다.

대마도가 한반도에 형성되었던 국가와 가졌던 연결 관계는 일본 열도와 가졌던 그것에 비해 훨씬 강력하였다. 한반도에 형성되었던 국가와 대마도 간의 지배−종속 관계를 따져 보면 대마도는 한반도에 있던 국가의 지배를 받는 지방이었다. 달리 말하면 한반도의 국가가 주(主)이고 대마도는 종(從)의 입장이었다. 일본은 종의 입장에 있던 대마도를 통해 한반도의 국가와 교류하고자 하였다. 이렇게 해서 대마도는 한반도와 일본을 연결하는 징검다리 역할을 할 수 있게 된 것이다. 징검다리의 성격은 13세기에 들어서면서 한반도를 침략하고 대륙으로 진출하고자 하는 왜에 의해 변화하기 시작하였고 결국 대마도는 왜구들의 본거지로 전락하고 말았다.

고려 말기와 조선 초기에는 대마도에 창궐하는 왜구들을 몰아내고자 3차례에 걸쳐 대마도 정벌을 위해 병선과 병사들이 출병하였다. 그 결과 대마도는 경상도에 속한 지방이 되었고 우리나라의 영토가 되었다. 그 당시에 대마도의 왜구들이 조선에 와서 항복하였다는 태조실록의 기록도 대마도가 완전히 조선의 영토에 복속되었음을 보여 준다. 조선 조정에서 대마도주에게 관직을 준 이유는 우리 영토를 관리하는 사람에 대한 일종의 표식이었다.

조선의 두 번째 대마도 정벌 직후인 1399년부터 대마도주는 한반도 본토에 거주하던 사람들이 그랬듯이 궁궐과 관청의 수요를 충당할 수 있도록 그 지방의 토산물을 바치는 공납을 실시하였다. 대마도주가 조정에 보낸 물품은 말을 비롯하여 감귤, 수정, 갓끈 등을 포함하는 대마도의 토산물이었는데, 대마도에서 조선으로 상납한 토산물은 자원이 빈약한 탓에 그리 다양하지 않았다. 조선 정부에서는 대마도에서 올라온 토산물에 대한 보답으로 백미를 주로 하사하였다. 또한 척박한 토양으로 이루어진 대마도에서는 농경지가 부족하여 쌀을 구하기 어려웠으므로 대마도주의 장례식을 치르는 데 필요한 쌀을 조정에 요청하였고, 조선에서는 이를 흔쾌히 받아들여 대마도에 쌀을 보내기도 하였다. 이와 같은 물품의 이동은 조선과 대마도 사이에서 교역의 형식으로 이루어진 것이 아니라, 왕실과 대마도 간의 진상과 하사의 관계를 토대로 이루어진 것이다.

이와 같은 주종의 관계는 임진왜란이 발생하기 전까지 꾸준히 지속되었지만, 임진왜란 이후부터 소원해지기 시작하였다. 즉 조선의 지배력이 약화되면서 일본의 영향력이 강화된 것이다. 임진왜란 이후 일본은 대마도에 대한 실효적 지배를 하지 않았다. 이는 일본이 19세기 들어 메이지 정부에서 일본 영토로 편입하였다는 사실에서도 확인되는 내용이다. 1800년대 중반에 들어서서 일본 정부가 대마도를 그들의 영토로 편입시켰다는 것은 그 이전까지는 대마도를 일본의 하위 행정구역 또는 속지(屬地)로 인식하지 않았음을 의미한다. 조선에서도 대마도에 대한 영향력이 임진왜란 이후부터 다소 약화되었지만, 대마도가 일본의 지배하에 넘어간 땅이라는 인식을 가진 것은 아니다. 조선과 주종 관계에 있던 대마도가 조선과 일본 사이에서 양속 관계를 형성하면서, 대마도에 대한 일본의 관심이 증가하였을 뿐이다.

대마도가 조선과 일본 사이에서 어떤 지위를 차지하였는지는 임진왜란 이전까지 유지되었던 대마도와 조선의 관계를 통해 유추가 가능하다. 임진왜란이 발생하기 전까지 대마도는 조선의 속주, 속국, 속령 등으로 묘사되고 사람들에게도 그렇게 인식되었다. 이러한 내용은 이 책에서 언급된 문헌은 물론 다양한 지도를 통해서도 확인이 가능하다. 앞에서 보았던 『해동지도(海東地圖)』뿐만 아니라 조선 시대에 제작된 지도류의 상당수가 대마도를 조선의 영토로 묘사하였다. 심지어 임진왜란 이후 조선의 영향력이 약화되고 일본의 영향력이 강화된 18세기와 19세기에 제작된 지도에서도 대마도가 조선의 영토로 인식되었는데, 19세기 중엽에 제작된 『해좌전도(海左全圖)』는 대마도를 조선의 영역에 가깝게 그려 넣어 조선과 일본 사이의 양속 관계에 입각해 묘사하면서도 궁극적으로는 대마도를 일본과 분리해 보려는 경향을 나타내기도 하였다.

일본 영토로의
편입

조선이 대마도를 실효적으로 지배하였다는 사실에 대하여 국내의 일부 학자들은 사실이 아니라는 주장을 펴기도 하지만, 우리는 조선 시대에 제작된 다양한 지도와 문헌을 통하여 그 사실을 확인하였다. 더 많은 지도 자료를 제시하여 대마도 영토의 권원(權原)이 우리나라에 있음을 보여 주지 못한 점이 아쉬울 따름이다. 우리나라에 소속되지 아니한 땅을 굳이 우리나라의 지도에 포함시켜 그릴 필요는 없다. 물론 조선 후기에 제작된 우리나라의 지도 가운데 일부 지도에서는 대마도를 조선의 영토에서 제외하였거나 일본의 땅으로 표기한 것도 있다. 이는 대마도에 대한 조선의 영향력이 약화되고 일본의 영향력이 강화되면서 대마도가 조선과의 주종 관계에서 탈피하여 조선과 일본 사이에서 양속 관계를 유지하다가 일본과의 주종 관계로 진입함에 따라, 우리나라에서도 일부 지도 제작자들이 대마도를 조선의 땅으로 인식하지 않았기 때문일 것이다.

대마도가 본래 우리의 영토였음을 지지해 주는 자료는 독도가 우리나라의 영토임을 보여 주는 자료보다 훨씬 더 많이 존재한다. 심지어 일본에서도 도요토미 히데요시가 한반도를 침략하기 위하여 정벌해야 할 대상지에 대마도를 포함시켰을 정도이다. 이는 그가 작성한 지도에 명확하게 나와 있다. 대마도는 우리나라의 땅이었지만, 땅의 주인이라 할 수 있는 우리나라 사람들에게는 그리 환영을 받지 못하였다. 대부분 산악으로 이루어져 있고 토양마저 척박하여 농경 활동을 위한 자연환경이 지극히 불량하였기 때문이다. 게다가 대마도는 바다 한가운데 있어서 오고가는 길이 불편하였기 때문에 우리나라 사람들은 섬에 들어가 살기를 반기지 않았다. 이런 상황에서 일본 열도에서 쫓겨 나와 오갈 데 없는 일본인이 대마도에 들어와 정착 생활을 시작하면서 대마도는 일본인 왜구들의 소굴이 되어 버렸다.

대마도는 조선과 매우 밀접한 관계를 가지면서 지리적으로나 역사적으로 조선의 영토로 인식되었다. 그렇지만 조선 정부 역시 대마도를 조선의 영토로 생각하면서도 섬 자체에 대해서는 커다란 관심을 보이지 않았던 듯하다. 철저한 중앙집권 체제를 유지하였던 조선 정부에서 대마도주에게 관직을 주긴 하였지만, 지방관을 대마도에 파견하지 않았다는 사실도 조선 정부의 관심이 어느 정도였는지를 짐작하게 해 준다. 조선 정부는 대마도의 땅이 척박하고 조선의 백성이 많지 않다는 사실만으로 지방관을 파견하지 않고 이전부터 대마도를 다스리던 사람에게 대마도의 관리를 맡긴 것이다. 이와 같은 사실은 일각에서 제기되는 것처럼 대마도를 우리 영토로 간주할 수 없다는 논리로 작용하기도 한다.

당시에 조선 정부에서 대마도가 가지는 지정학적 의의를 조금만 더 제대로 인식하였더라면 그렇게 방치하는 수준까지는 가지 않았을 것이다. 조선 말기까지도 조정의 관심이 크지 않자 조선 정부에서 관직을 받은 대마도주가 대마도를 일본에 복속시키는 결과가 발생한 것이다. 더불어 일본에서도 대마도에 관심이 증가하였는데, 이러한 내용은 일본에서 작성된 고지도에 고스란히 남아 있다. 우리나라에서 제작된 지도에서는 대마

도가 다소 부정확하게 그려진 데 반해, 일본에서 18세기에 작성된 지도
는 인공위성을 통해 제작하였다 해도 지나치지 않을 정도로 정확하면서
도 상세한 지리 정보를 포함하고 있다. 이러한 흐름 속에서 일본이 메이
지 유신을 계기로 대마도에 이즈하라 현을 설치하였고 1876년에 나가사
키 현에 편입시킨 것도 당연한 결과일지 모른다.

　일본에서 출간된 『일본서기』에 따르면 "대마도는 단군 조선 때부터 철
종 대인 1856년까지 한반도에 조공을 바치는 등 신하 노릇을 해 왔다."라
는 내용이 있다. 그뿐만 아니라 일본 정부가 1788년부터 1873년까지 85
년간 우리나라와 일본의 영토를 식별하는 공식 지도로 활용한 「조선팔도
지도」에도 대마도는 조선의 영토로 표기되어 있다(그림 5-1). 이는 대마도

가 분명 한국의 땅임을 보여 주는 근거이다.

조선 정부가 중앙집권적이었다면 일본의 바쿠후는 지방분권적이었으며, 조선과 바쿠후 간의 외교는 대마도에서 중계를 담당하였다. 조선은 대마도의 중계 외교상 편의를 제공하기 위하여 부산에 왜관을 설치하였다. 따라서 조선과 일본의 교린 체제는 조선 국왕, 바쿠후 쇼군(장군), 대마도주의 3각 관계에서, 대마도주가 두 나라의 중간 자리를 차지한 모양새를 취하였다. 대마도주는 조선에서 입수한 중요한 정보를 도쿠가와 바쿠후에 보고하였으며 일본의 중요 사건도 즉시 조선에 보고하면서, 교린 관계 유지에 중요한 역할을 수행하였다.

그러나 1868년에 일본에서 메이지 유신이 일어나면서 이전까지 유지되었던 교린 체제는 더 이상 유지가 불가능해졌다. 그 이유는 조선의 외교 상대라 할 수 있던 바쿠후 쇼군과 대마도주가 사라졌기 때문이다. 대마도주의 조선 외교권은 신정부에 강제로 이관되었다. 일본은 메이지 유신을 계기로 1871년 대마도 번을 폐지하고 이즈하라 현을 설치하였으며, 대마도주였던 소씨 가문을 일본의 귀족으로 편입하였다. 이후 1876년에는 대마도를 나가사키 현 소속으로 변경하였다.

이렇게 해서 대마도는 나가사키 현에 속한 하나의 지방 행정단위로 변경되었으며, 메이지 정부의 외교 일원화 시책에 따라 대조선 외교에 관한 업무도 1872년에 외무성으로 이관되었다. 메이지 정부에서 실시한 일련의 조치로 인해 조선 초기부터 이루어졌던 조선과 일본 간의 교린 체제는 완전히 붕괴되었으며, 조선 정부는 대마도와 어떠한 관계도 맺을 수 없게 되었다.

일본에서는 에도 시대(江戶時代, 1603~1867)를 '쇄국의 시대'로 규정하면서, 1868년의 메이지 유신까지 260여 년간 이루어졌던 우리나라와의 교린 관계에 대해서는 언급하지 않는다. 역사를 거슬러 임진왜란은 두 나라 사이에 15~16세기 걸쳐 형성된 교린 관계를 짓밟는 짓이었으며, 경제와 문화 면에서 조선으로부터 받은 은혜를 원수로 되갚는 야만적인 행위였다. 더불어 메이지 정부의 침략도 임진왜란 이후부터 지속된 교린 관계를 일방적으로 무너뜨린 행위이다. 요컨대 대마도는 한반도 내 고구려, 백제, 신라, 가야 등의 역학 관계에 따라 번갈아 가면서 이들의 분국이나 속국 또는 연정 형태로 존재해 왔다. 그러나 조선의 국운이 기울면서 메이지 정부는 일방적으로 대마도를 나가사키 현에 편입시켜 버렸다.

국제법상 한 국가가 영토를 획득하는 방법에는 선점(先占, preoccupation), 시효(時效, prescription), 할양, 정복, 첨부 등의 5가지가 있다. 이 가운데 하나인 선점은 주인이 존재하지 않는 무주지(無主地)를 자국의 영토로 포함시킬 수 있는 것이다. 선점의 원리를 적용하여 대마도가 우리 땅이라는 주장을 펼 수 있다. 대마도민이 거주하면서 고구려의 지배를 받았거나 신라의 영토에 편입되었고 이후 고려와 조선의 속주에 포함되었기 때문이다. 그러나 두 번째로 제시된 시효라는 관점에서는 상황이 달라질 수 있다. 시효란 시간의 경과로 인해 국가의 권리를 취득 또는 소멸하는 경우로, 그 기원의 선의나 악의를 불문하고 일정한 사태가 일정 기간 지속되면 그 사태를 적법한 것으로 간주하는 제도이다. 지금 대마도는 일본이 실제로 통치하면서 군대 등을 주둔시킴으로써 일본에 귀속된 공간이 되어 버렸다. 즉 영토의 실효적 지배와 영토권의 응고 과정이라는 측면에서 대마도에 대한 타국의 주권 행사가 불가능한 상황이 된 것으로 볼 수도 있다. 상황이 이처럼 진행되었다고 해서 우리는 대마도에 대한 권원을

포기할 수 없다. 우리는 대마도가 우리나라의 땅이었음을 명확히 밝히고,
언젠가는 되찾아야 한다.

2

언젠가는 되찾아야 할 땅

지금의 대마도는
일본 땅

대한민국이 실효적 지배를 하고 있는 독도를 일본에서는 다케시마(竹島)라 부르며 자국의 영토라고 강변하면서 영유권을 주장하고 있다. 일본 정부는 1905년 2월 22일에 시마네 현(島根県) 고시 제40호를 통해 독도를 자국의 영토로 편입하였다고 주장하고 있다. 그러나 지금까지 두 나라에서 편찬된 지리서나 지도 등을 통해 따져 본 역사적 사실관계에서 독도는 우리의 영토임이 명백하게 확인되었다. 이와 함께 일본이 연합국에 무조건 항복한 후 연합군최고사령부에서 발행한 총사령부 지령(SCAPIN) 제677호와 제1033호에서도 독도는 우리나라의 영토로 귀속되었다.

그럼에도 불구하고 일본은 지속적으로 독도를 자국의 영토라 주장해오고 있으며, 국제사법재판소에서 영토 문제를 해결하자는 주장을 펼치고 있다. 일본의 독도 영유권 주장이 강해지면서 우리나라 국민들 사이에서도 영토에 대한 관심이 더욱 고조되었다. 1982년에는 박인호가 곡을 쓰고 노랫말을 붙인 '독도는 우리 땅'이라는 노래를 정광태가 선보였다. 이 노래는 일본이 독도를 자기네 땅이라고 주장할 때마다 우리나라 사람들이 자주 부르면서 국민적인 대중가요로 알려지게 되었다.

『세종실록지리지』 경상도편에 따르면 "세종 원년 기해년에 대마도를 공격하여 격파했다."라는 기록이 있다. 이는 당시에 이루어진 대마도 정벌을 의미하는 것으로, 대마도가 우리 경상도의 지배하에 있다는 의미도 가진다. 이러한 기록이 있음에도 불구하고, 1980년대 이래로 우리나라 사람들에게 큰 사랑을 받았던 '독도는 우리 땅'의 노랫말에는 "세종실록지리지 오십 페이지 셋째 줄, 하와이는 미국 땅, 대마도는 몰라도, 독도는 우리 땅"이라는 가사를 포함하고 있다. '세종실록지리지의 오십 페이지 셋째 줄'이라는 내용은 노래의 음률을 맞추기 위하여 실제와 다르게 노랫말을 붙였다 하더라도 그 이외의 역사적 사실은 틀림이 없어야 한다.

『세종실록지리지』가 편찬되었던 15세기 중반에 하와이는 미국 땅이 아니었다. 당시 조선 시대의 사람들이 하와이의 존재를 알았을까? 하와이는 1778년 영국의 항해사이자 탐험가였던 제임스 쿡(J. Cook) 선장에 의해 발견되어 서양에 알려지기 시작하였고, 1898년에 미국에 합병되었으며 인구가 증가함에 따라 1959년 8월에 미국의 50번째 주가 되었다. 하와이에 대한 내용이 실제 역사와 일치하지 않는 것은 그렇다 치더라도 『세종실록지리지』가 편찬되었던 시기에 '대마도가 누구의 땅인지 모르겠다'는 노랫말은 대한민국 국민이라면 누구도 받아들일 수 없는 내용이다. 심지어 노래가 처음 만들어졌을 당시의 노랫말은 '대마도는 일본 땅'이라고 묘사되기도 하였다. 우리는 스스로가 우리의 역사를 무시하며 역사에 기록되지도 않았고 근거도 없는 노랫말로 노래를 불러 댔던 것이다. 그나마

2000년대 들어 독도 영유권 문제가 대두되고 우리나라에서 독도 교육의 중요성이 부각되면서 노랫말을 '대마도는 일본 땅'이라고 하지 않은 것은 참으로 다행스러운 일이다. 그러나 조선 시대 초기에 대마도는 누구의 땅인지 모르는 곳이 아니라 분명 우리의 영토이었음을 상기할 필요가 있다.

　일본은 대한민국 정부가 수립된 이후 끊임없이 독도에 대한 도발을 멈추지 않았다. 최근 우리나라에서는 일본의 독도 영유권 주장에 대한 맞대응으로 대마도에 대한 영유권 주장이 곳곳에서 제기되고 있다. 그러나 이는 앞에서 살펴본 바와 같이 최근에 부각된 사건은 아니다. 대한민국 초대 대통령 이승만은 "대마도는 대한민국의 영토"라고 주장하며 일본에 정식으로 반환을 요청하였다. 대한민국 정부 수립 이후 대마도에 대한 영유권 주장은 패전국 일본에 대한 연합국의 처리 과정에서 우리의 영토를 확보하기 위한 전략이었다.

　이에 당황한 일본의 요시다(吉田) 내각은 당시 연합군 최고사령관이었던 맥아더 장군에게 손을 내밀었고, 맥아더 장군은 대마도가 또 다른 분쟁의 씨앗이 될 것을 염려하며 이승만에게 대마도 반환 요구를 더 이상 하지 말 것을 간곡하게 요청하였다. 당시 대마도에 살던 일본인들은 대한민국이 영토를 되찾으려 한다면서 몹시 불안에 떨었다고 전해지기도 한다.

　대마도는 지금 일본이 실효적으로 지배하고 있는 영토임이 분명하다. 하지만 대마도는 우리가 언젠가는 찾아와야 할 우리나라의 영토라는 것도 자명한 사실이다. 일본에서는 대마도가 일본 땅이라는 사실이 국제적으로 알려졌음을 강조하고 있고, 우리나라에서도 국무총리가 2012년 9월 7일 국회에서 열린 대정부 질문에서 대마도를 우리 영토라고 주장하는 것은 설득력이 없다는 발언을 하였다. 즉 국제사회가 대마도를 일본 땅으로 인식하는 상황에서 우리 땅이라는 역사적 근거가 있다고 하더라도, 현재는 일본이 실효적으로 대마도를 지배하고 있기 때문에 우리의 영토라고 주장하는 것은 어불성설이라는 논리이다. 국무총리의 발언이 틀린 말은 아니다. 그러나 우리 정부에서는 과거 우리나라의 영토를 회복하기 위해 국민이 알든 모르든 노력하고 있다는 자세를 보여 주어야 할 것이다.

대마도는 우리의 땅이고 우리 민족의 한쪽 다리 구실을 하였던 섬이다. 그런데 일본이 대마도를 자기들 멋대로 일본 영토로 편입시켜 버렸다. 우리는 일본이 잘라가 버린 경상도에 자리한 우리 영토의 한쪽 발인 대마도를 되찾아야 할 것이다. 우리나라의 역사에서 조선 정부는 대마도를 일본에 어떠한 형태로도 넘겨주거나 양도한 적이 없기 때문이다. 우리는 일본의 대마도 점유를 불법적인 것으로 규정하고 문제 제기를 해야 할 것이다.

고토 회복을
위한 노력

우리나라는 일본과 독도 영유권 분쟁을 벌이고 있으며, 압록강과 두만강의 북쪽으로 넓게 펼쳐진 간도에 대해서도 중국과 분쟁의 여지가 있다. 대마도와 간도의 문제는 우리가 실효적으로 지배하고 있는 독도 영유권 문제와는 성격이 다르다. 우리는 의지와 무관하게 우리의 영토인 대마도와 간도를 일본과 중국에 빼앗겼다.

간도 일대는 대한제국의 외교권을 박탈한 일제가 청나라에 있어서의 권익을 양보받기 위하여 청나라에게 간도 영유권을 인정하는 협약을 체결하면서부터 영유권 분쟁에 휘말렸다. 간도에서 한국인의 보호자임을 자처하며 한국의 영토권을 주장하던 일제는 대륙 침략을 위한 희생물로서 간도를 이용한 월권적인 행위를 저질렀다. 결국 중국은 일본의 패전으로 간도를 불법적으로 점령하였다. 간도 문제를 해결하기 위하여 1983년에는 55명의 국회의원들이 나서서 「백두산 영유권 확인에 관한 결의안」을 제출하였으며, 1995년에는 "간도는 우리 땅"이라고 주장한 국회의원도 있었다. 그렇지만 지금까지도 간도 문제는 명확히 해결되지 못하고 있으며, 중국은 간도를 자신들의 영토로 확고히 하고자 2002년부터 동북 지방의 역사와 현상에 관한 체계적인 연구를 의미하는 동북공정(東北工程)을 추진하면서 역사 왜곡을 서슴지 않고 있다. 이로부터 도출된 중국의 연구 결과는 간도 일대가 오래전부터 중국의 역사 속에 포함된 그들의 영토라는 것으로 귀결되어 가고 있다.

대마도에 대한 영유권 문제가 이승만 대통령에 의해 일회성으로 제기된 것은 아니다. 1949년 2월 16일 제헌국회에서 「대마도 반환 요구에 대한 건의안」이 국회의원 31명에 의해 제출되어 같은 해 2월 19일에 국회 본회의에 보고되었다. 즉 "대마도를 한국 영토로 반환하여 줄 것을 국회에서 결의하여 대일 강화회의에 제출하도록 하자."라는 안이 외무국방위원회에 회부되었다. 그러나 "대마도가 지리적·역사적으로 확실히 우리 땅인 것은 분명하지만 중대한 국제 관계가 있는 것을 고려해 임시 보류하기로 가결하고 본회의에 회부하지 않기로 하였다."라는 내용이 1949년 3월 22일의 본회의 기록에 나와 있다.

최근에는 2008년 12월 10일 국회 외교통상통일위원회에 대마도가 우리 영토라는 결의안이 상정되었으나, 우리나라에서 제작된 지도의 일부가 대마도가 우리의 영토라는 영유권을 주장하기에는 그 증거력에 다소의 한계가 있다는 의견과 함께 소위원회에 회부되었고 결국 18대 국회의 임기 만료로 폐기되고 말았다.

독도가 우리 땅이라는 전 국민적 의식과 달리 대마도가 우리 땅이라는 주장에 대해서는 국내에서도 의견이 분분하다. 우리 땅이 분명하므로 일본에 문제 제기를 하여 옛 우리 땅을 되찾아야 한다는 의견이 있는가 하면, 확실한 근거도 없이 대마도를 우리 땅으로 우기면 독도 영유권을 주장하는 일본인과 다를 바 없다는 의견도 있다. 그러나 지리적·역사적·국제법적 관점에서 우리나라 영유권 주장의 정당성은 충분하다.

대마도가 일본보다 한반도와 가깝다는 지리적 특성만으로 영유권을 주장할 수는 없다. 하지만 지리적으로 근접해 있기 때문에 대마도에 거주하는 사람들의 혈통이 한반도에 거주하는 사람들의 혈통과 거의 유사하다는 점은 무시할 수 없다. 또한 한반도와 가깝기 때문에 일본의 문화유산보다는 한국의 문화유산이 더 많이 남아 있다는 점도 간과해서는 안 된다. 한반도의 세력권 내에 존재하였으므로 신라 및 고려 시대의 불상은 물론 조선의 범종도 달려 있다. 이러한 지리적 접근성은 대마도의 전반적인 인문적 요소는 물론 자연적 요소를 '일본스럽게' 만들지 못하고 '한국스럽게' 만들어 놓았다. 이와 더불어 일본이 국제법상 시효에 의한 영토 취득 요건을 충족하고 있는지도 꼼꼼하게 따져 볼 필요가 있다.

일본 내에서 가장 낙후한 지역 가운데 한 곳이 대마도라는 것은 주지의 사실이다. 대마도는 일본보다 한국에 가까운 곳이다. 당연히 일본 사람보다 한국 사람이 찾아가기 쉬운 곳이고 실제로 일본인 방문객보다 한국인 방문객이 많다. 대마도는 일본 입장에서 변방에 있는 외딴 섬에 불과하다. 그렇다면 대마도에 거주하는 사람들에게 한국 또는 한국 사람들은 어떤 존재일까? 어업을 제외하면 생계 수단이 빈약한 대마도는 한국인을 대상으로 하는 관광업이 매우 중요한 생계 유지 수단이다. 일제 강점기에도 대마도는 규슈 지방이 아닌 부산의 경제권에 포함되었다. 즉 우리가 대마도를 되찾기 위해서는 대마도에 거주하는 사람들의 마음을 동화시키는 것도 중요한 과업이다.

우리가 고려 시대와 조선 시대에 대마도에 대한 정벌을 단행한 것은 아무런 이유없이 힘이 약한 국가를 침략하는 제국주의적 사고방식 때문이 아니다. 단지 오랫동안 쌓여 온 일본의 침략 행위에 당하기만 할 수 없던 우리 정부가 합법적이고 정당한 방법으로 그들을 응징함으로써 우리의 영토를 수호하고자 한 것이다.

주변 국가와의 영토 문제 해결을 위한 일본의 태도는 매우 이기적이다. 자국이 실효적으로 지배하고 있는 센카쿠 열도[尖閣列島, 중국 명칭은 댜오위다오(釣魚台列嶼)]에 대해서는 국제법적으로 자국의 점유가 타당하다고 주장하지만, 러시아의 쿠릴 섬과 우리나라의 독도 점유는 불법적임을 주장하는 양면적 태도를 취하고 있다. 또한 일본에게 영토 문제란 국가 간 신뢰 관계가 아니라 정치적 역학 관계를 이용한 힘의 논리에 바탕을 둔 불순한 외교 정책이다. 일본 정부가 평화헌법상 선제공격을 가할 수 없는 자위대의 선제공격권을 인정함으로써 공격권을 강화하고, 해군력과 공군력을 증강하는 데 힘을 쏟는 것도 이러한 맥락에서 이해할 수 있다.

한반도의 한쪽 발로 인식되었던 대마도가 지리적으로나 역사적으로 우리 영토의 일부분이었다는 사실은 분명하다. 그러나 우리나라에서는 바다 한가운데의 외딴 섬이고 지형적 여건이 불리하다는 이유로 홀대한 부분이 있다. 대마도가 우리의 영토라는 인식을 가지기는 하였지만 다른 도서 지역과 달리 적극적으로 관리하지는 않았다. 그러는 사이 일본은 대륙 진출을 위한 중요한 거점으로 활용하고자 대마도를 그들의 영토로 복속시켰다. 뒤늦게 우리나라에서는 대마도가 우리의 영토임을 주장하였지만, 이미 때는 늦었다. 그렇다고 해서 이대로 포기할 수는 없다. 지금부터라도 영토의식을 고취하고 고토(古土)에 대한 관심을 통해 우리의 옛 땅인 대마도를 되찾아 와야 할 것이다. 대한민국 정부에서 대마도가 일본 영토임을 인정하고 있기 때문에 어찌 보면 대마도의 복속 문제는 국가 간 영토 분쟁의 대상은 아니다. 그렇지만 대마도가 우리의 고토였다는 사실을 상기하고 영토 회복을 위한 개개인의 힘을 모아야 할 것이다.

대한민국 헌법 제3조에 의하면 "대한민국의 영토는 한반도와 그 부속 도서로 한다."라고 규정되어 있다. 그러나 1990년대 이후부터 대한민국의 영토가 한반도와 그 부속 도서로 국한되어야 하는가에 대해서는 여러 분야에서 다양한 이견이 제시되고 있다. 우리나라의 영토는 현재 대한민국의 정치적 주권이 미치는 범위에 한정되는 것이 아니라, 주변국에 의하여 타의적으로 분리된 곳으로까지 범위를 넓혀야 할 것이다. 우리는 일본에 의해 간도 일대를 중국에 빼앗겼으며 오래전부터 우리의 땅으로 여겨왔던 대마도를 일본에 빼앗겨 버렸다. 이제 우리는 영토에 대한 개념을 정치적으로뿐만 아니라 역사적으로 새롭게 정립하고 과거 우리 선조들의 삶의 터전을 되찾을 필요가 있다.

- 권오단, 2014, 『북소리 : 세종대왕이 정벌한 조선의 땅, 대마도』, 산수야.
- 김기혁, 2006, 「우리나라 도서관·박물관 소장 고지도의 유형 및 관리실태 연구」, 『대한지리학회지』 제41권 제6호, 714-739.
- 김영근·백 용, 2009, 「대마도 지질답사기」, 『지반공학이야기』 제25권 제8호, 39-46.
- 김용훈, 2011, 「근대 격변기의 대마도 영토권」, 『백산학보』 제89호, 173-196.
- 김일림, 2003, 「대마도의 문화와 문화경관」, 『사진지리』 제13호, 91-103.
- 김화홍, 1998, 『역사적 실증으로 본 독도는 한국땅』, 도서출판 시몬.
- 김화홍, 1999, 『역사적 실증으로 본 대마도도 한국땅』, 지와사랑.
- 남영우, 2012, 『한국인의 두모사상』, 푸른길
- 남영우·최재헌·손승호, 2013, 『세계화시대의 도시와 국토』, 법문사.
- 동북아평화연대, 2007, 『동북아시아 신화와 상징 비교연구: 동북아 여신신화』, 문화관광부.
- 민덕기, 2013, 「임진왜란기 대마도의 조선 교섭」, 『동북아역사논총』 제41호, 97-135.
- 서울신문사, 1985, 『일본 대마·일기도 종합학술조사보고서』.
- 신명호, 2010, 『황후 삼국지』, 다산초당.
- 신용우·김태식, 2013, 「문화적 접근에 의한 대마도의 영토 근거 연구」, 『대한부동산학회지』 제31권 제1호, 99-121.
- 양보경·양윤정, 2006, 「목판본 조선전도 〈해좌전도〉의 유형 연구」, 『문화역사지리』 제18권 제1호, 63-77.
- 양태진, 1994, 『우리나라 영토이야기』, 대륙연구소.
- 오상학, 2009, 「조선 시대 지도에 표현된 대마도 인식의 변천」, 『국토지리학회지』

제43권 제2호, 203-220.

· 윤영원, 2004, 『잃어버린 땅 대마도 이야기』, 황금시대.

· 이병선, 1982, 「대마도 지명고」, 『어문학』 제42집, 한국어문학회, 163-204.

· 이병선, 1989, 「대마도의 신라읍락국」, 『일본학지』 제10집, 계명대학교 일본문화 연구소, 45-70.

· 정선자, 2012, 「대마도 방문 한국인 관광객의 추구편익에 따른 시장세분화 연구」, 『일본근대학연구』 제36집, 395-412.

· 조기성, 2001, 『국제법』, 이화여자대학교출판부.

· 진태하, 2013, 「대마도는 지금도 우리 땅-국력의 열세로 잃어버린 영토-」, 『한글 한자문화』 10월호, 16-24.

· 하우봉, 2013, 「전근대시기 한국과 일본의 대마도 인식」, 『동북아역사논총』 제41 호, 215-250.

· 홍일표, 2014, 『국회 속의 인문학』, 좋은땅.

· 金達壽, 1990, 『古代朝鮮と日本文化』, 講談社.

· 對馬市, 2014, 『對馬の槪要』.

· 上島智史(우에시마 사토시), 2011, 「朝鮮通信使宿所地に關する歷史地理學的 硏究: 對馬藩·府中城下町を事例に」, 『해항도시문화교섭학』 제4호, 199- 225.

· 永留久惠, 2009, 『對馬國志 第3卷-戰爭平和國際交流』, 昭和堂.

· 田中 聰一, 2013, 「対馬島と韓半島南海岸地域との海上交涉」, 『石堂論叢』 제 55집, 1-32.

· 總務省統計局, 2013, 『平成24年就業構造基本調査-結果の槪要』.

· 경향신문, 1975년 11월 25일, 「일 민족의 남방·북방계 이입설」.

· 동아일보, 1949년 1월 8일, 「對日媾和會議參加計劃 對馬島返還도 要求」.

· 동아일보, 1975년 11월 25일, 「혈청간염 분포조사로 일본 민족의 근원추적」.

· 서울신문, 1984년 8월 5일, 「학술기행〈대마도: 3〉」.

- 국립해양조사원(http://www.khoa.go.kr)
- 나가사키 현 관광통계데이터(http://www.pref.nagasaki.jp/bunrui/kanko
    kyoiku-bunka/kanko-bussan/statistics/kankoutoukei/2000.html)
- 대한민국 기상청(http://www.kma.go.kr)
- 데이비드 럼지 컬렉션(http://www.davidrumsey.com)
- 세계디지털도서관(http://www.wdl.org/en)
- 쓰시마 시청(http://www.city.tsushima.nagasaki.jp)
- 우리 민족의 문화유전자(http://nationalculture.mcst.go.kr)
- 울릉군청(http://www.ulleung.go.kr)
- 일본 국토교통성 규슈지방정비국(http://www.pa.qsr.mlit.go.jp)
- 일본 통계청(http://www.e-stat.go.jp)